U0174678

| 体 检 篇 |
10月30日
新华社太空特约记者 陈 冬
太空里真的能体检出两条人体“动脉”吗 043

| 食 品 篇 |
11月04日
新华社太空特约记者 景海鹏
航天员在太空怎么喝水,飞船带的水是否够喝 049

| 运 动 篇 |
11月07日
新华社太空特约记者 陈 冬
航天员在太空怎么锻炼身体 055

| 种 植 篇 |
11月11日
新华社太空特约记者 景海鹏
航天员带上天的植物，现在长得怎么样 060

| 直 播 篇 |
11月15日
新华社太空特约记者 景海鹏、陈 冬
航天员返回地球之前，要做哪些工作 067

| 科 普 篇 |
11月17日
新华社特约记者 景海鹏、陈 冬、王亚平
全球首堂“天地联讲科普课” 074

第③编 · 太空实验 天宫二号空间实验室

“天神合体”的守护者 天宫二号伴随卫星 096

高等植物培养实验 怎么在太空种庄稼 103

高冷的授时大神 空间冷原子钟 114

液桥热毛细对流实验 用水滴在太空搭一座桥 122

量子密钥分配 怎样实现天机不可泄露 131

太空里的八卦炉 怎样炼出未来世界的英雄材料 142

宽波段成像光谱仪 带你从太空看大海 151

太空里的测海神针 三维成像微波高度计 160

捕捉生物大灭绝的疑凶 天极望远镜 ······ 168

空间环境分系统 航天员和航天器如何避险 ······ 180

默默无闻的领航员 综合精密定轨系统 ······ 187

第4编 · **天马行空33天** 中国最权威的幕后航天人

轨道室 神舟是怎样追上天宫的 ······ 194

关键控制 天地之间怎样排兵布阵 ······ 200

调度指挥 是谁在航天任务中号令八方 ······ 205

声像室 航天员在太空怎样才能看电视 ······ 210

上行控制 怎样从地面控制航天器的一举一动 ······ 217

遥测 了解航天器内部状态的唯一途径 ······ 221

飞管室 航天员返回地球后，谁来照管天宫二号空间实验室 ······ 225

开舱手 航天员返回地面见到的第一个地球人 ······ 232

太空寄语

MESSAGE FROM SPACE

祝愿全球的华人小朋友健康快乐，幸福成长！

也希望小朋友们从小树立远大目标，做一个敢于有梦、勇于追梦、勤于圆梦的人。长大后，把自己的聪明才智贡献给我们国家的建设和发展。我们一起携手为中华民族伟大复兴的中国梦做出自己最大的贡献。

——新华社太空特约记者 / 航天员 **景海鹏**

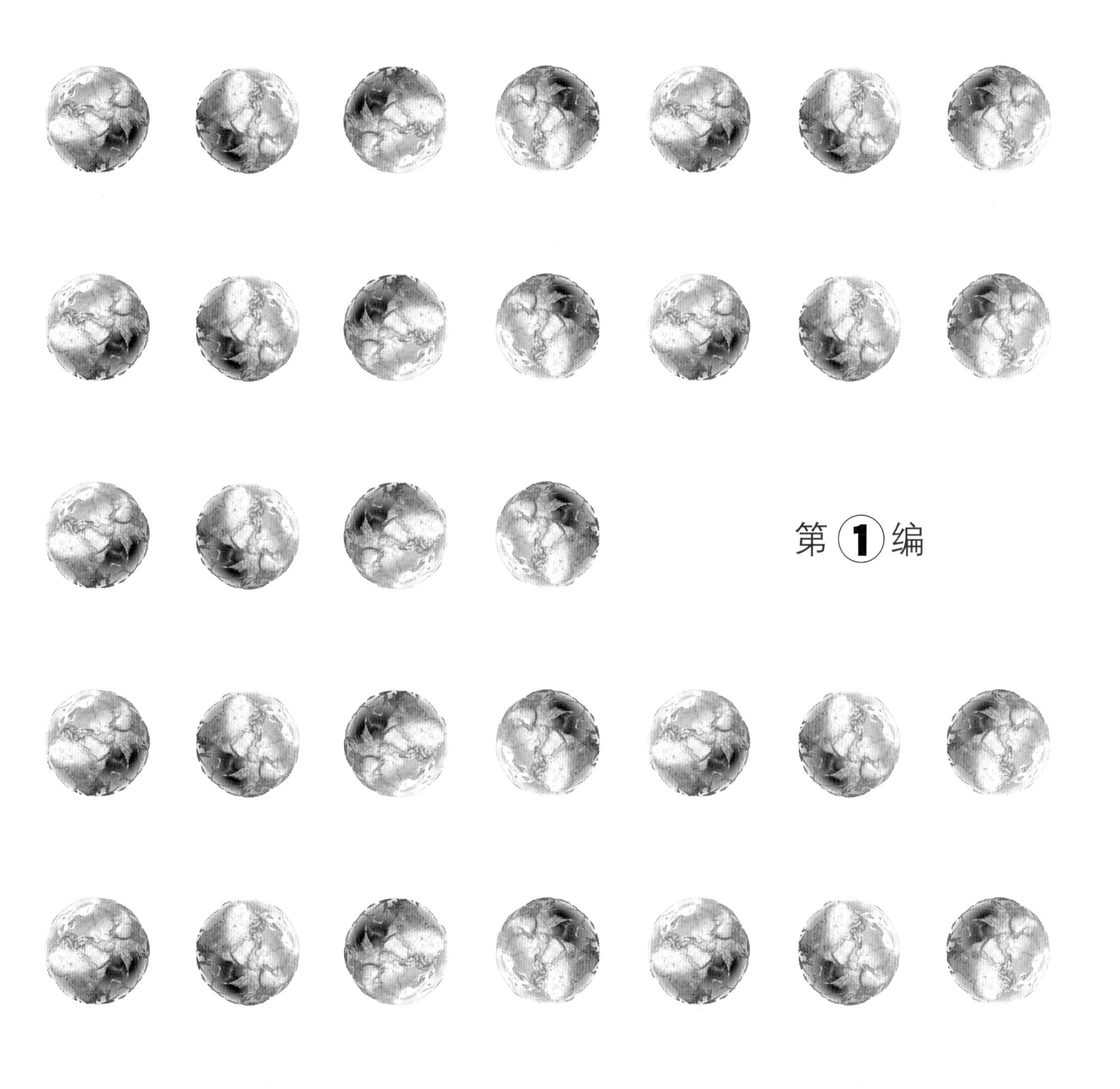

第❶编

孩子，我要出趟远门，为你摘颗星星回来

● 中国首位飞天的女航天员　**刘洋**

“5岁的孩子，哪里知道父母出远门要去做什么。”

2016年10月10日在北京欢送战友景海鹏、陈冬前往酒泉时，我看到陈冬的双胞胎儿子正在单位门前玩耍，完全不知道父亲要去执行一个长达33天的太空任务。当时我就在想，如果是我，我也许会说：“孩子，妈妈要出趟远门，为你摘颗星星回来。”

在太空中能不能看到其他国家的航天器？

我们随神舟九号飞船执行任务的时候，也这样好奇，当时我们还想，如果能看到的话就冲他们挥挥手，打个招呼。其实，航天员在太空中是看不到其他国家的航天器的。如果肉眼能看到，说明距离已经非常近了，就会有碰撞的危险。而且我们所在的航天器和其他国家的航天器并不在一个轨道面上，不可能会遇到。

从太空看月球和从地面上看差别大吗？

我从来没有通过舷窗亲眼看到过月球。我们工作的时候，舷窗一直用舷窗罩遮住。为什么要这样做呢？在太空中我们90分钟绕地球一圈，如果人的生理节律按照90分钟一昼夜转换的话，是没有办法进行工作和休息的，所以我们全部是用灯光照明。我很遗憾在工作之余看窗外的时候，完全没有看到过月球。

在太空会遇见外星人吗?

我们也希望有外星人来敲门，但确实没有看到任何外星朋友。有一次我值班，好像是眯着了，然后就听到返回舱里面有声音，我突然惊醒了：哎呀，好像有什么人在那里。等清醒过来，自己也觉得特别可笑。因为在整个返回舱和天宫一号目标飞行器中，只有我们三个人（另外两个人是景海鹏和刘旺），而他们两个人当时正在休息。后来我才发现那是通气软管发出的声音。我和两位战友交流过，他们也有这样的期待，但是确实没有看到过外星人。

在太空中，吃穿住行和地面上有什么不同?

“睡”比地面要方便、简单很多，因为不管是正着、倒着、横着、竖着都能睡。吃喝拉撒都是技术活，都需要在地面进行训练。每一个大家看似不起眼的动作，都要在地面经过成百上千次的训练，确保准确无误后，才能够上天操作。

长时间的飞行对航天员的体力、耐力包括心理，都是一种考验。比如喝水。在地面喝水的时候只需要将水倒入水杯，直接喝就行。在太空中，这是不可能的。我们在太空中是把水储存在一个水箱里，然后再给水箱加压，把水打到储水袋中。储水袋上方的吸管上有一个卡扣，喝完水之后要把这个卡扣扣上，这样里面的水就不会“飞”出来并在舱内到处乱飘。如果水在舱内乱飘，飘到一些电子元器件上，可能会对设备造成影响。

未来如果长期在太空执行任务的话，喝水怎么办？

未来，水可以循环利用，比如收集人体排出的汗液，甚至航天员的尿液，还有舱内的一些水汽，都可以进行再处理、再利用。

航天员在太空怎么吃饭？

食物是装在袋子里的，在地面经过特殊的处理后带到太空上去。这次随神舟十一号飞船带到太空上的航天食品有100多种。

在神舟十一号载人飞行任务中，航天员要做的实验比以前多吗？

是的，因为这次工作时间长，所以实验数量有所增加，难度也有所提高。一些实验有一定的技术要求，对航天员也提出了一些理论和操作上的要求。这次也有一些科普实验，它们更有趣味性。在这本书里，我们会详细地介绍这些太空实验。

中国载人航天 17 年飞天路

1999 | 神舟一号飞船 第一艘无人实验飞船

发射时间：1999年11月20日06时30分
返回时间：1999年11月21日03时41分

中国第一艘神舟号无人实验飞船的发射升空，揭开了中国载人航天技术发展新的一页。作为中国自主研制的第一艘飞船，神舟一号飞船考核了飞船五项重要的技术：舱段连接和分离技术、调姿和制动技术、升力控制技术、防热技术、回收着陆技术。

2001 | 神舟二号飞船 第一艘正样无人飞船

发射时间：2001年01月10日01时00分
返回时间：2001年01月16日19时22分

神舟二号飞船虽然也是无人飞船，但它是中国第一艘正样飞船，它的各项技术状态和载人飞船基本一致，发射完全按照载人飞船的环境和条件进行。飞行期间，中国首次在飞船上进行了微重力环境下的空间生命科学、空间材料、空间天文和物理等领域的实验，取得了大量数据。

2002 神舟三号飞船 第一艘搭载“模拟人”的正样无人飞船

发射时间：2002年03月25日22时15分
返回时间：2002年04月01日04时51分

神舟三号飞船搭载了一位特殊的乘客，即“模拟人”。“模拟人”可以模拟航天员在太空生活时的多项重要生理参数，比如脉搏、心跳、呼吸、饮食、排泄等，并随时受地面指挥中心的监控。此外，神舟三号飞船还具备了航天员逃逸和应急救生功能。

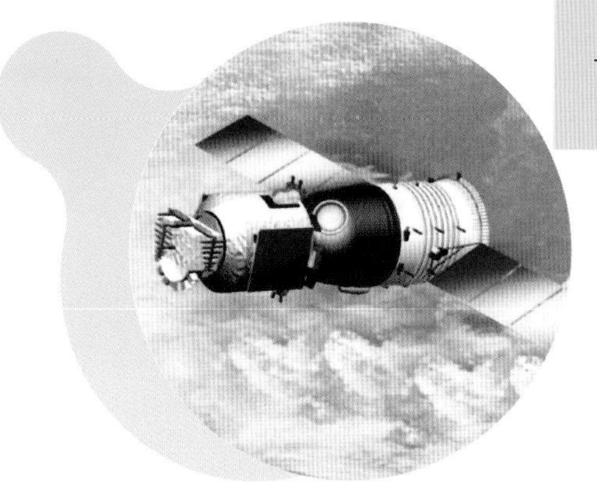

杨利伟

2002 神舟四号飞船 创造低温发射记录

发射时间：2002年12月30日00时40分
返回时间：2003年01月05日19时16分

这是神舟飞船在无人状态下最全面的一次飞行试验。试验涉及测控与通信、飞船与火箭、发射场、主着陆场和备用着陆场、航天员陆地和海上应急救生等系统。为了保障航天员的生命安全，神舟四号飞船共设计有八种救生模式，以确保航天员安全返回。此外，神舟四号飞船在经受了−29℃低温的考验后成功发射，突破了我国低温发射的历史记录。

2003 神舟五号飞船 第一艘载人飞船

发射时间：2003年10月15日09时00分
返回时间：2003年10月16日06时23分

神舟五号飞船发射升空，航天员杨利伟成为第一位进入太空的中国人。这次任务的主要目的是考察航天员在太空环境中的适应性。为此，神舟五号飞船尽量减少舱内实验项目和仪器，以腾出更多空间供航天员活动并执行科学考察任务。飞船在环绕地球14圈之后，成功着陆。这标志着中国成为继苏联（俄罗斯）、美国之后，世界上第三个能够独立开展载人航天活动的国家。

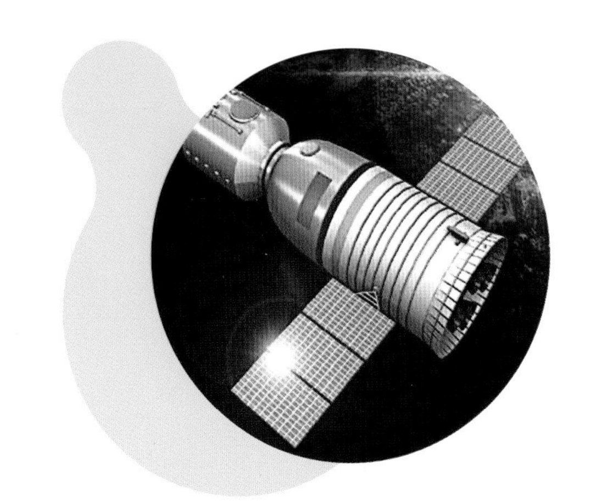

2005 神舟六号飞船 真正尝试太空生活

发射时间：2005年10月12日09时00分
返回时间：2005年10月17日04时33分

这是中国第一次将两名航天员（费俊龙和聂海胜）同时送上太空。指令长费俊龙在飞船里用大概3分钟时间，连翻了4个筋斗。神舟六号飞船每秒飞行7800米，费俊龙一个筋斗“翻”了大约351千米。指令长费俊龙还和操作手聂海胜配合进行了穿越轨道舱与返回舱、医学试验、轨道舱飞船设备操作等一系列空间科学实验。

2008 神舟七号飞船 第一次太空行走

发射时间：2008年9月25日21时10分
返回时间：2008年9月28日17时37分

神舟七号飞船成功将航天员翟志刚、刘伯明和景海鹏送上太空。2008年9月27日，神舟七号飞船接到开舱指令，指令长翟志刚实现中国人第一次舱外活动。他就像一个从水中缓缓上浮的潜水员，头先脚后地出现在飞行舱外的太空之中。他向全国人民报告：“我已出舱，感觉良好。”在轨道舱内协助出舱的操作手刘伯明露出身来，递给他一面五星红旗。这持续19分35秒的舱外活动，标志着中国成为世界上第三个掌握空间出舱活动技术的国家。

2011 神舟八号飞船 首次航天器空间对接试验

发射时间：2011年11月01日05时58分
返回时间：2011年11月17日19时32分

2011年11月3日凌晨，神舟八号飞船与此前发射的天宫一号目标飞行器进行了我国首次空间交会对接试验。组合体运行12天后，神舟八号飞船脱离天宫一号目标飞行器并再次与其进行交会对接试验，这标志着中国已经成功掌握了空间交会对接及组合体运行等一系列关键技术。

2012 神舟九号飞船 首次实现低空运输与补给

发射时间：2012年06月16日18时37分
返回时间：2012年06月29日10时03分

搭载航天员景海鹏（指令长）、刘旺（操作手）和刘洋（中国首位女航天员）的神舟九号飞船成功发射后，首次验证了手控交会对接技术。2012年6月24日，操作手刘旺成功驾驶飞船与天宫一号目标飞行器实现手控交会对接，这标志着中国成为世界上第三个完全掌握空间交会对接技术的国家。同时，这次任务还全面验证了目标飞行器保障、支持航天员生活工作的功能、性能，以及组合体管理技术，首次实现地面向在轨飞行器进行人员和物资的往返运输与补给。

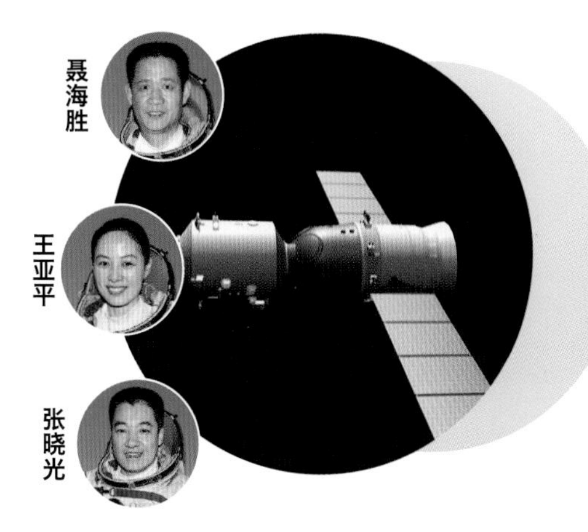

2013 神舟十号飞船 首次应用性飞行

发射时间：2013年06月11日17时38分
返回时间：2013年06月26日08时07分

神舟十号飞船搭载航天员聂海胜（指令长）、张晓光和王亚平，进行了我国载人天地往返运输系统的首次应用性飞行。神舟十号飞船在完成与天宫一号目标飞行器空间交会对接等任务后，中国载人航天第二步任务第一阶段完美收官，全面进入空间实验室和空间站研制阶段。

2016 神舟十一号飞船 首次进行太空中期驻留

发射时间：2016年10月17日07时30分
返回时间：2016年11月18日13时59分

神舟十一号飞船与2016年9月15日成功发射的天宫二号空间实验室交会对接后，航天员景海鹏（指令长）和陈冬（操作手）进入天宫二号空间实验室，完成了为期一个月的驻留，并进行了中国航天史上截至目前数量最多的空间实验。这是中国截至目前持续时间最长的一次载人飞行任务，不仅标志着我国载人航天工程进入应用发展阶段，而且为中国建造载人空间站做了重要准备。

中国载人航天运载火箭中的双胞胎

在了解天宫二号空间实验室与神舟十一号飞船之前，我们一定要先认识一下把它们送上太空的运载火箭。它们一直以来被称为中国载人航天运载火箭中的双胞胎，为什么呢？

答案就是它们系同一火箭的两个太空状态，都属于专门用于载人航天的长征二号F运载火箭。

第一个太空状态

第一个太空状态是发射载人航天器。这个状态有一个专门的系列号，也就是长征二号F运载火箭Y系列。那么，有哪些载人航天器是Y系列火箭完成发射的呢？

答案就是神舟一号飞船、神舟二号飞船、神舟三号飞船、神舟四号飞船、神舟五号飞船、神舟六号飞船、神舟七号飞船、神舟八号飞船、神舟九号飞船、神舟十号飞船，以及神舟十一号飞船。

第二个太空状态

第二个太空状态是发射目标飞行器。这个状态也有一个专门的系列号，也就是长征二号F运载火箭T系列。那么，有哪些目标飞行器是T系列火箭完成发射的呢？

答案就是天宫一号目标飞行器和天宫二号空间实验室。

从外形上看，长征二号F-Y11火箭和长征二号F-T2火箭最大的区别在“头部”。长征二号F-Y11火箭的“头部”有一个看上去像避雷针的装置，这个装置叫逃逸塔。而长征二号F-T2火箭的“头部”是没有逃逸塔装置的。

为什么会有这样的差别

这就要从逃逸塔的作用说起。逃逸塔是载人航天任务中空间运载火箭必备的应急系统，一旦火箭在发射过程中（0～110千米的高度）出现意外，它可以随时启动，拽着包裹在整流罩里面的轨道舱和返回舱与火箭分离，帮助位于返回舱的航天员脱离险境。

用于发射

T 系列	目标飞行器 空间实验室
Y 系列	神舟飞船

芯级直径3.35米

52.03米

- 起飞重量493.1吨
- 运载能力8.6吨

助推器直径2.25米

发射天宫二号空间实验室的
长征二号F-T2火箭示意图

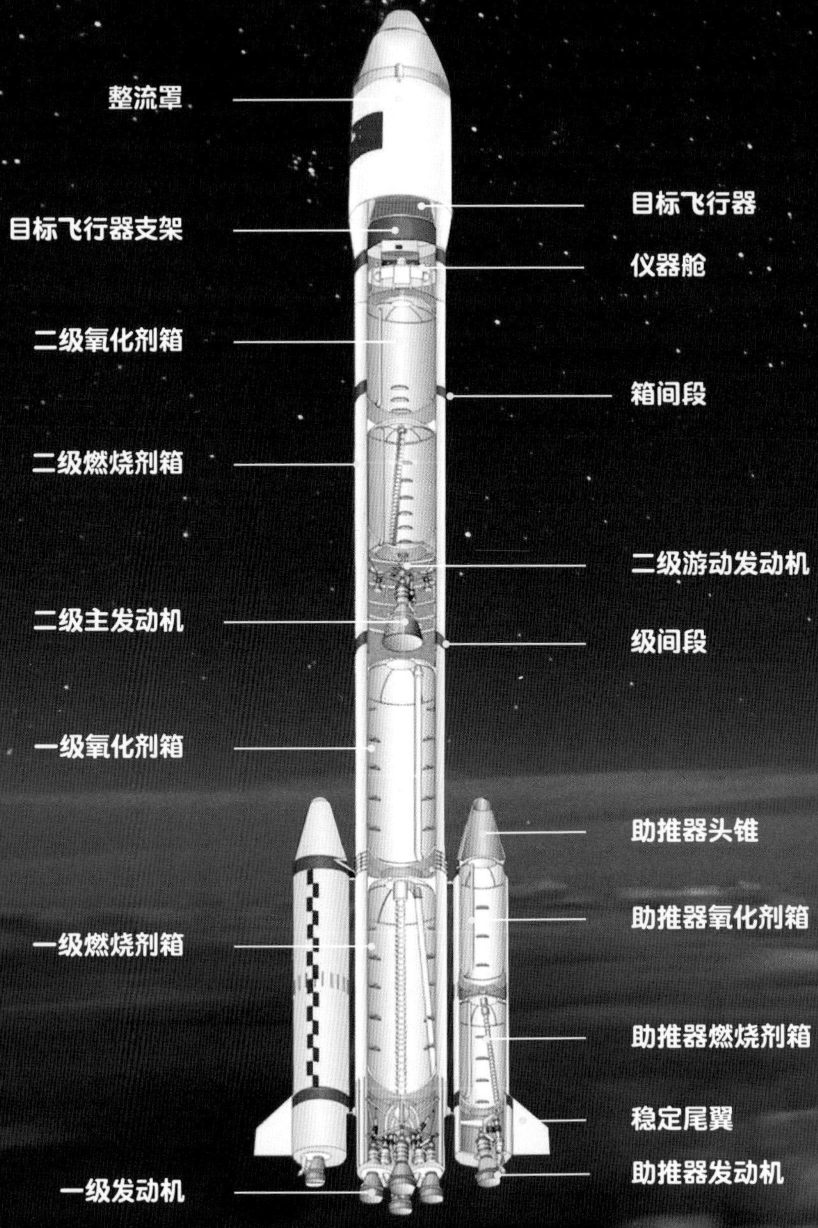

整流罩
目标飞行器
目标飞行器支架
仪器舱
二级氧化剂箱
箱间段
二级燃烧剂箱
二级游动发动机
二级主发动机
级间段
一级氧化剂箱
助推器头锥
助推器氧化剂箱
一级燃烧剂箱
助推器燃烧剂箱
稳定尾翼
助推器发动机
一级发动机

发射天宫二号空间实验室的
长征二号F-T2火箭结构示意图

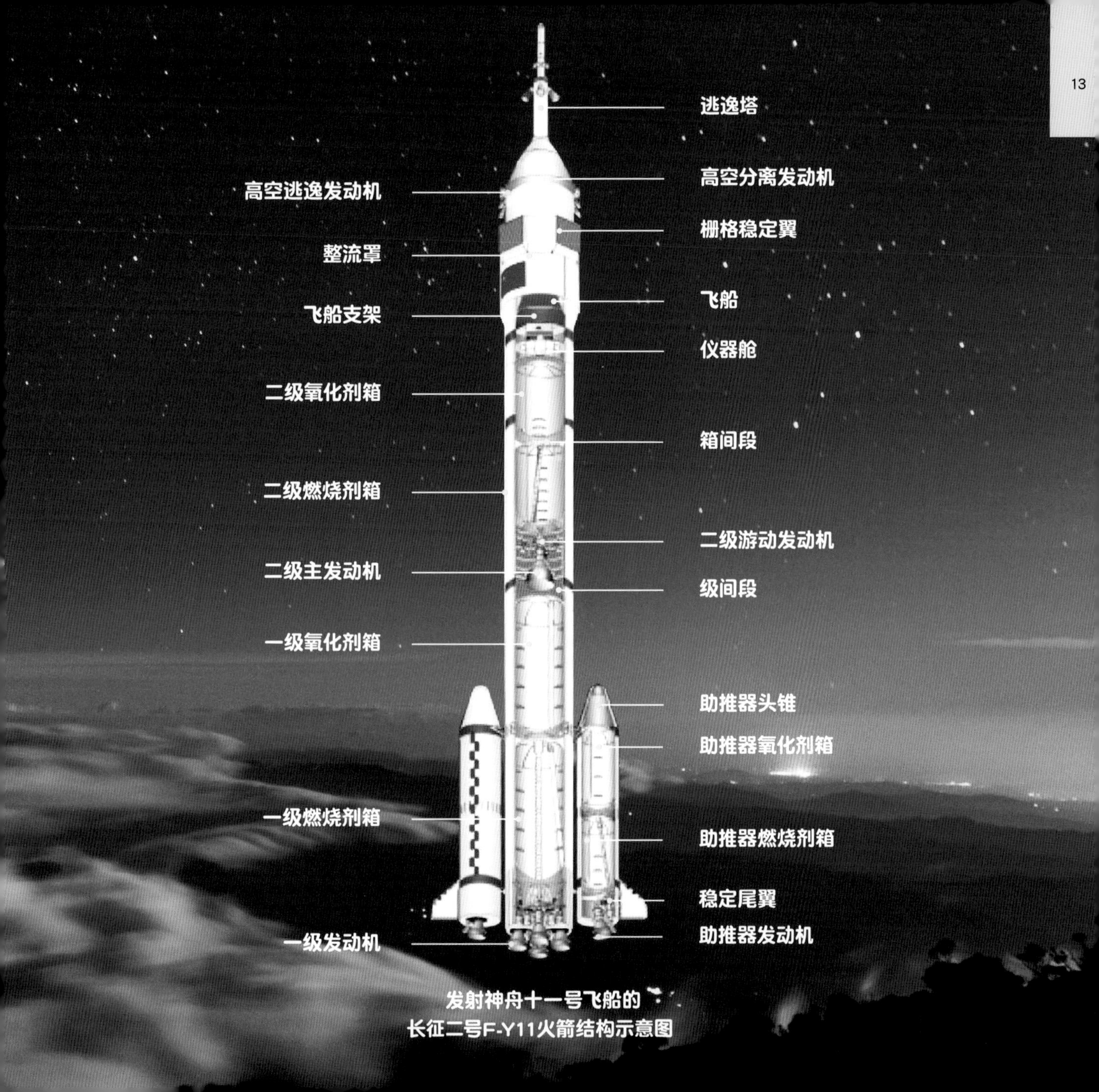

逃逸塔
高空逃逸发动机
高空分离发动机
栅格稳定翼
整流罩
飞船
飞船支架
仪器舱
二级氧化剂箱
箱间段
二级燃烧剂箱
二级游动发动机
二级主发动机
级间段
一级氧化剂箱
助推器头锥
助推器氧化剂箱
一级燃烧剂箱
助推器燃烧剂箱
稳定尾翼
一级发动机
助推器发动机

发射神舟十一号飞船的
长征二号F-Y11火箭结构示意图

天宫二号空间实验室发射全流程

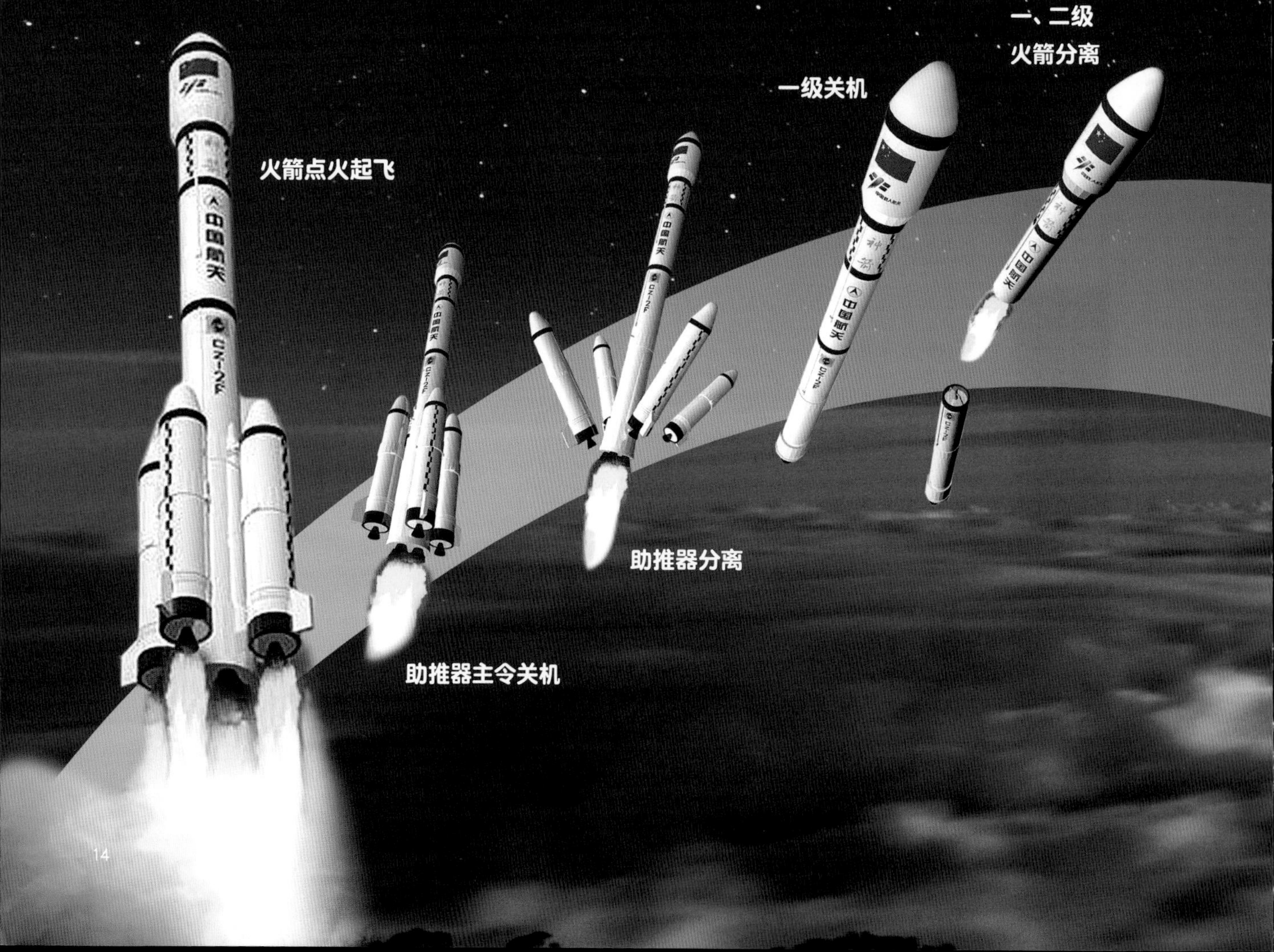

火箭点火起飞

助推器主令关机

助推器分离

一级关机

一、二级
火箭分离

火箭从点火到将天宫二号空间实验室送入预定轨道，只需要585秒。

发射成功

器箭分离

二级关机

展开太阳能电池翼

整流罩分离

航天员入门考题 01

为什么Y系列火箭需要逃逸塔装置，而T系列火箭不需要逃逸塔装置呢？

| 考题答案 |

天宫二号空间实验室发射流程图解

①火箭点火起飞

②助推器主令关机

③飞行到155秒，四个助推器和火箭主体分离

起飞后12秒，火箭将不再垂直向上飞行，而是转一个弯，这个动作叫作程序转弯，主要是要沿着地球的倾斜度来飞行，节省火箭的燃料。

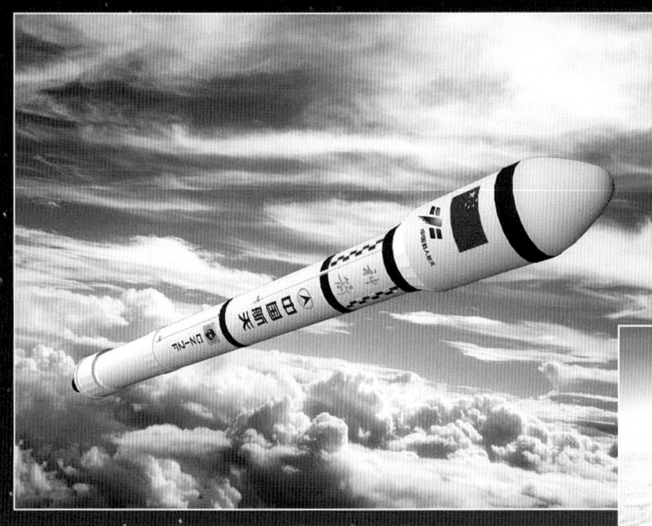

④火箭一级发动机在燃料用尽后停止工作

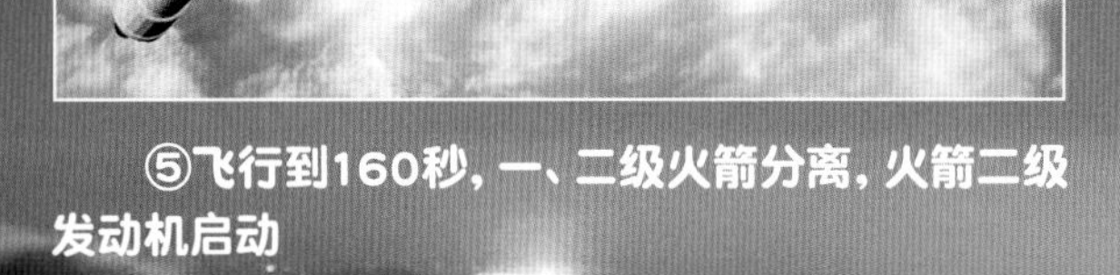

⑤飞行到160秒，一、二级火箭分离，火箭二级发动机启动

航天员入门考题 02

火箭飞行到155秒时，为什么要抛掉火箭的四个助推器呢？

| 考题答案 |

⑥飞行到210秒，整流罩分离

⑦飞行到582秒，火箭二级发动机在燃料用尽后停止工作

航天员入门考题

火箭为什么要抛掉整流罩呢？

| 考题答案 |

⑧飞行到585秒，天宫二号空间实验室和火箭分离

⑨天宫二号空间实验室展开太阳能电池翼

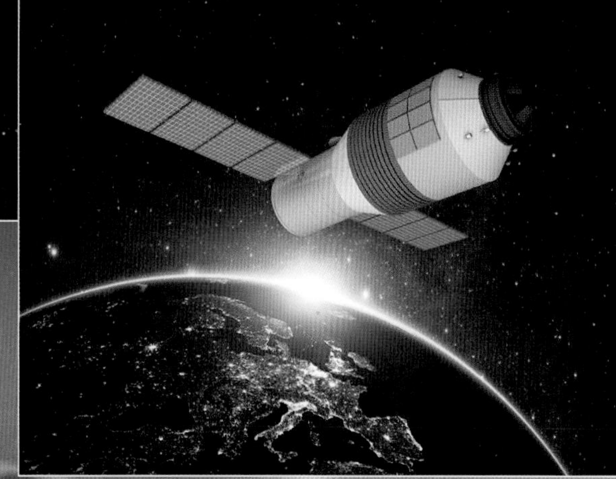

⑩天宫二号空间实验室发射成功

航天员入门考题 04

航天器上的太阳能电池翼是用来做什么的？

| 考题答案 |

天宫二号空间实验室

天宫二号空间实验室是我国首个空间实验室，主要由资源舱和实验舱两部分组成。

资源舱的主要功能是为天宫二号空间实验室在太空飞行提供能源和动力。

实验舱的主要功能是为航天员在太空生活提供一个清洁、温度与湿度适宜的环境和活动空间。当然啦，我们将在这本书里介绍的许多太空实验，就是在这里完成的。

神舟十一号飞船抵达太空后，两名航天员将会入驻天宫二号空间实验室。他们将在这里工作和生活30天。可是在这样一个失重的环境中生活30天，可不是一件容易的事，何况还有那么多工作要完成呢。

为了方便航天员工作和生活，天宫二号空间实验室有哪些特别的设计呢？

第一个特别的小设计

天宫二号空间实验室首次使用可以展开的多功能小平台。航天员可以在上面写字、吃饭、做科学实验，可谓是工作生活两不误。

第二个特别的小设计

天宫二号空间实验室上为航天员配备了通信用的蓝牙耳机和蓝牙音响。

第三个特别的小设计

为了方便航天员在太空微重力环境下活动和开展实验，天宫二号空间实验室的设计师们用地板取代了地毯（天宫一号目标飞行器上用的是地毯）。

第四个特别的小设计

天宫二号空间实验室的实验舱内的灯光采用米黄色的色调，而且亮度可以手动调节，并为每位航天员安装了床前灯。

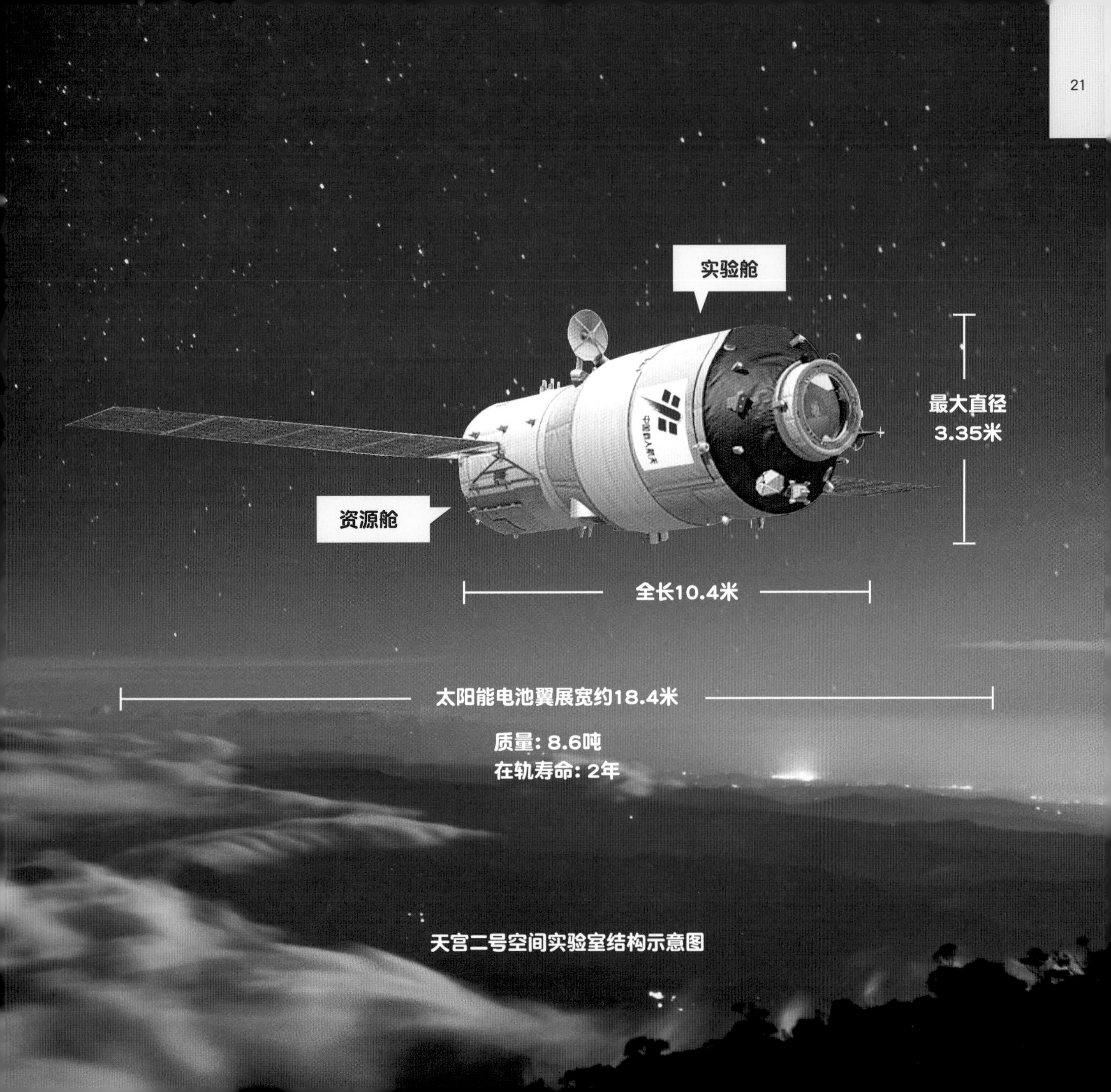

天宫二号空间实验室结构示意图

神舟十一号飞船发射全流程

神舟十一号飞船与天宫二号空间实验室的发射流程几乎一致，最主要的区别是，神舟十一号飞船发射的过程中，火箭点火起飞和助推器主令关机这两个流程中间，还有一个流程——抛掉逃逸塔。

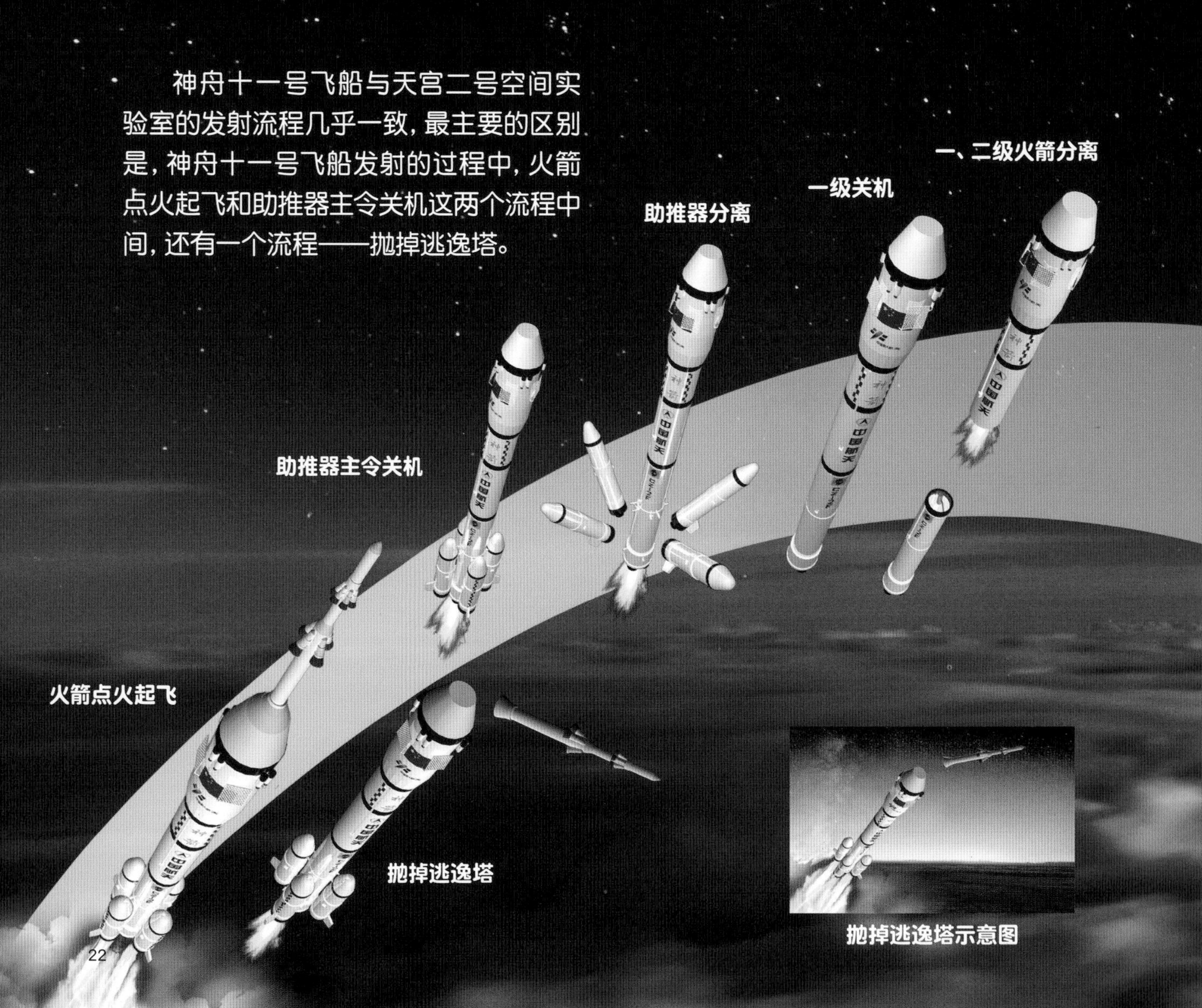

抛掉逃逸塔示意图

发射成功

船箭分离

二级关机

展开太阳能电池翼

整流罩分离

航天员入门考题 05

在神舟十一号飞船发射过程中，火箭正常发射升空后的第一个关键动作就是抛掉位于“头部”的逃逸塔。你知道为什么要抛掉逃逸塔吗？

| 考题答案 |

扫我可以观看《太空日记》的视频

航天员是如何登上火箭，进入飞船的

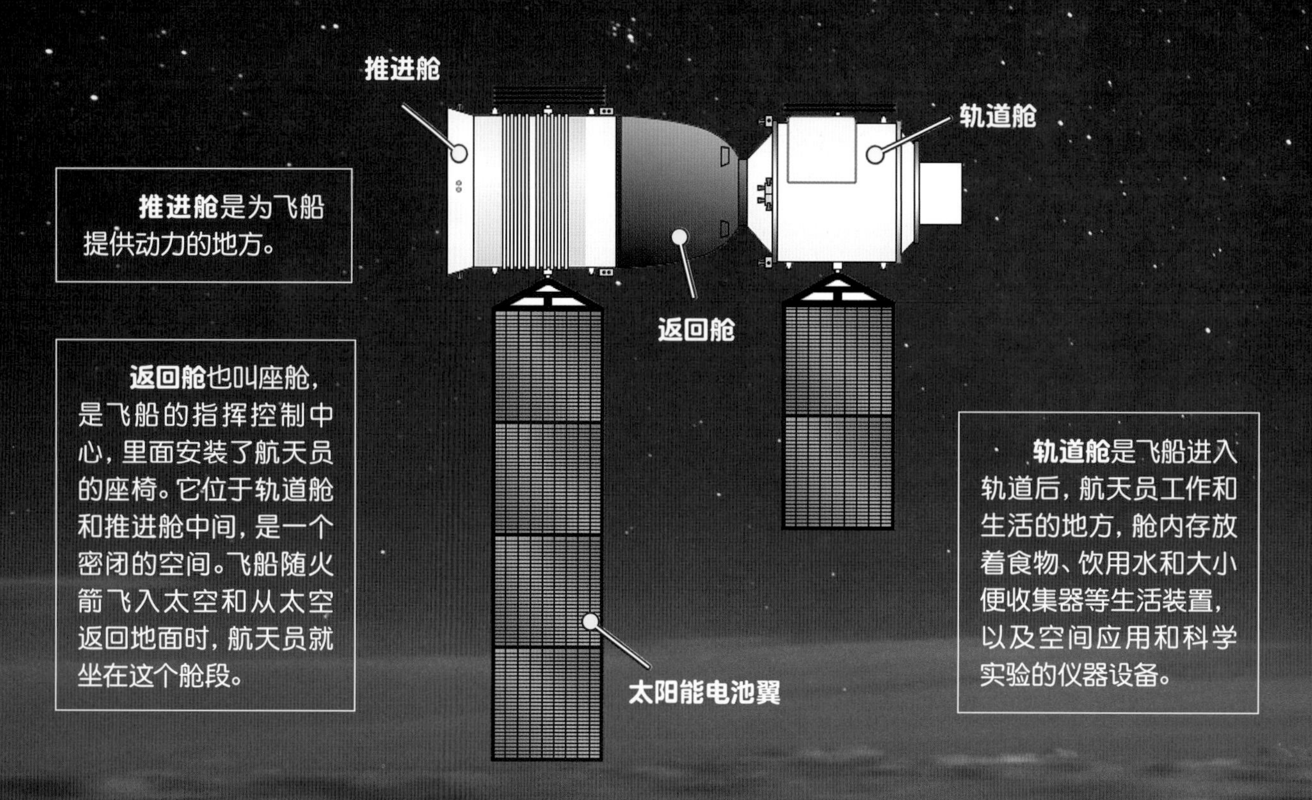

神舟飞船包裹在运载火箭的整流罩中，航天员需要通过整流罩才能进入飞船。飞船由三个舱段组成，分别是轨道舱、返回舱和推进舱。

因此，运载飞船的火箭发射前，航天员要进入飞船的返回舱，在座椅上固定好。这个过程分三个步骤完成。

第一步：登上发射塔架。

第二步：从包裹飞船的整流罩舱口进入飞船的轨道舱。

第三步：从飞船的轨道舱舱门进入目的地——返回舱。

神舟十一号飞船与天宫二号空间实验室交会对接

天宫二号空间实验室和神舟十一号飞船相继进入太空以后，这两个8吨重的“大家伙”需要在太空合体。这样，神舟十一号飞船运送到太空的两名航天员（景海鹏和陈冬）才能入驻天宫二号空间实验室，然后他们会按照飞行手册、操作指南和地面指令进行为期30天的工作和生活。

那么，这两个“大家伙”是怎样合体的呢？

神舟十一号飞船与天宫二号空间实验室交会对接全流程

◎ 第一步　神舟十一号飞船与天宫二号空间实验室轨道同步

神舟十一号飞船入轨后，经历五次变轨，到达与天宫二号空间实验室相同的393千米高的轨道。

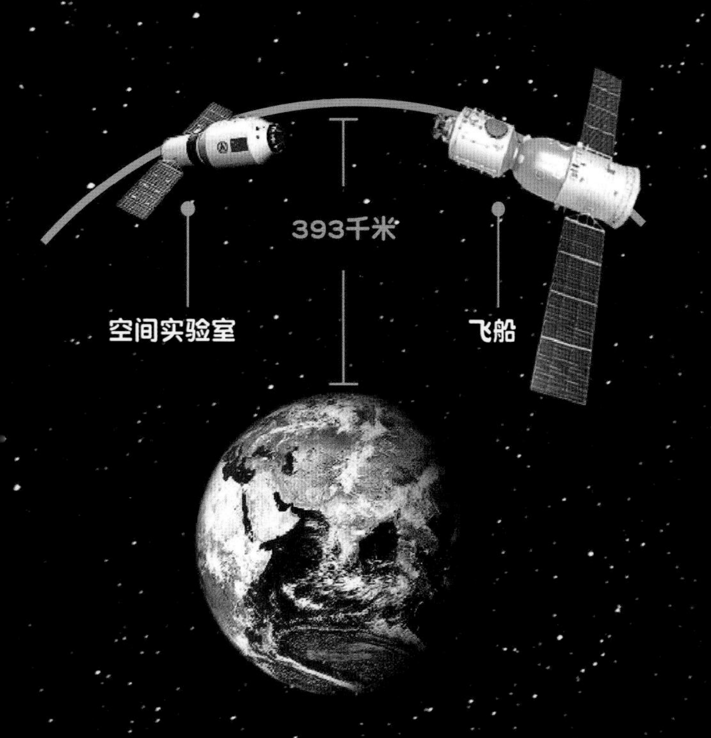

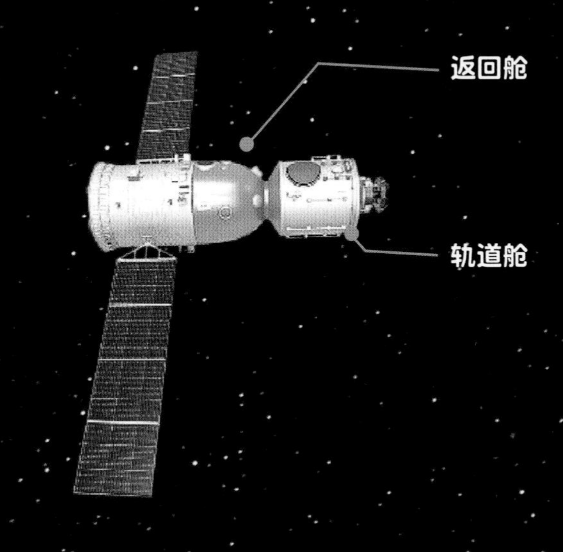

◎ 第二步　航天员准备

航天员景海鹏和陈冬在返回舱内，关闭返回舱和轨道舱之间的舱门，穿好白色舱内压力服，做好保障措施。

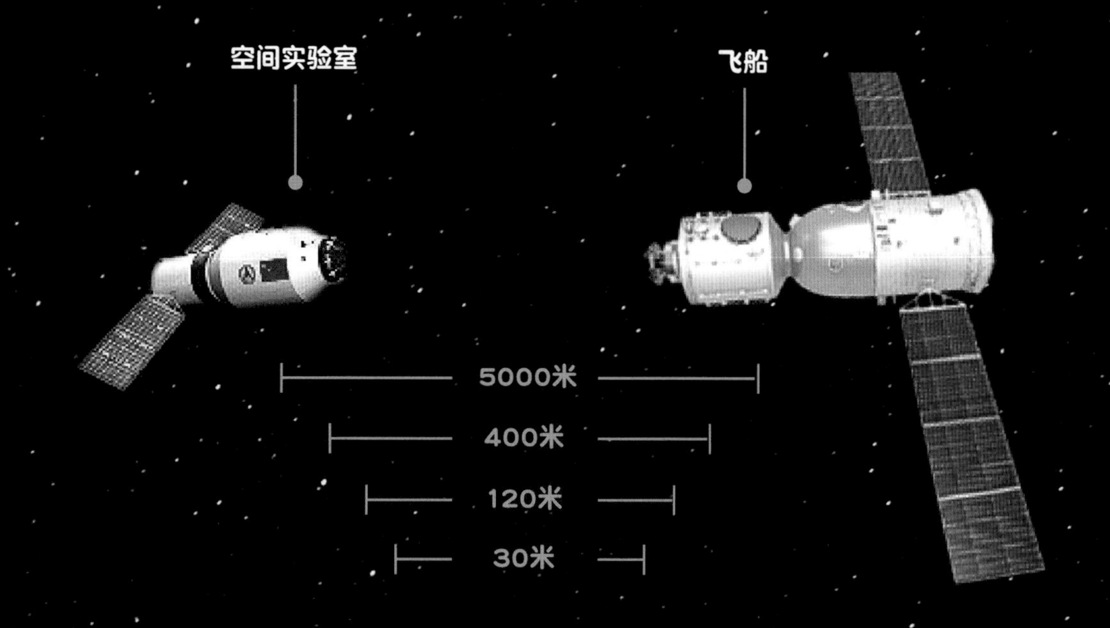

◎ 第三步　轨道修正

在神舟十一号飞船向天宫二号空间实验室靠近的过程中，神舟十一号飞船在距离天宫二号空间实验室5000米、400米、120米和30米时，分别停靠了一次。每一次停靠，神舟十一号飞船都要通过敏感仪和通信设备检查位置、距离、姿态是否合适，并进行轨道修正。当神舟十一号飞船在距离天宫二号空间实验室120米处停靠时，如果发现飞船和天宫二号空间实验室的设备出现问题，这两个8吨重的“大家伙”在太空合体的任务将会从自动交会对接切换到航天员手控交会对接。

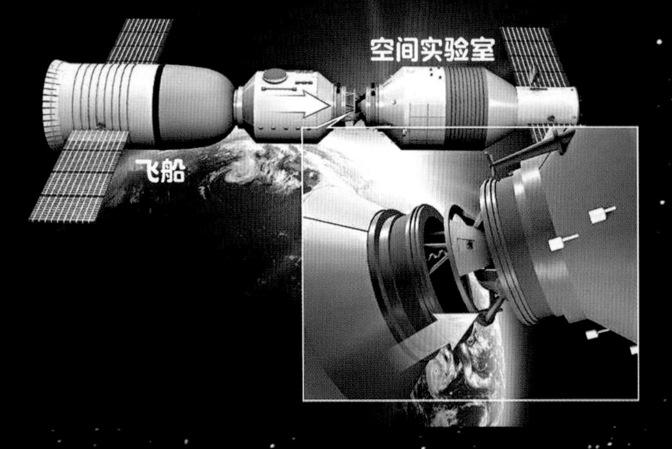

◎ 第四步 接 触

当神舟十一号飞船飞行到距离天宫二号空间实验室30米的停靠位置时，飞船的捕获锁会伸出，卡在天宫二号空间实验室的卡板器里。

这样，神舟十一号飞船和天宫二号空间实验室就建立了初步连接。

◎ 第五步 捕 获

神舟十一号飞船成功捕获到天宫二号空间实验室的对接轴以后，飞船最后靠拢，等候拉回。

◎ 第六步　缓　冲

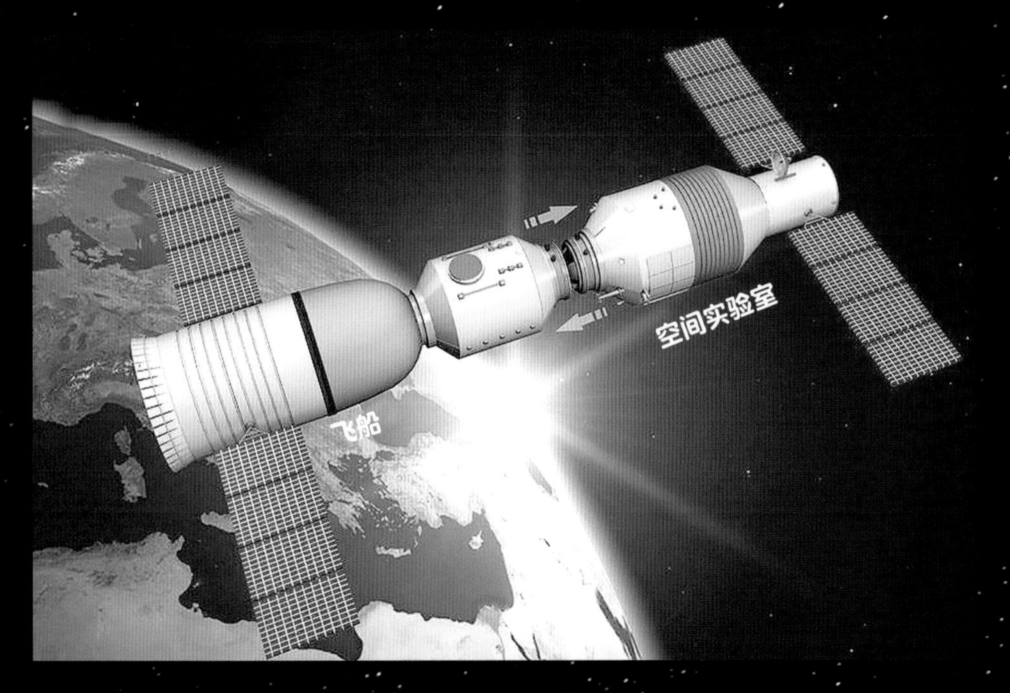

◎ 第七步　拉　近

神舟十一号飞船和天宫二号空间实验室开始逐渐地靠近，一直要靠近到两个飞行器对接在一起，就好比要让一个电源插头精准无误地插进电源插座的插口。

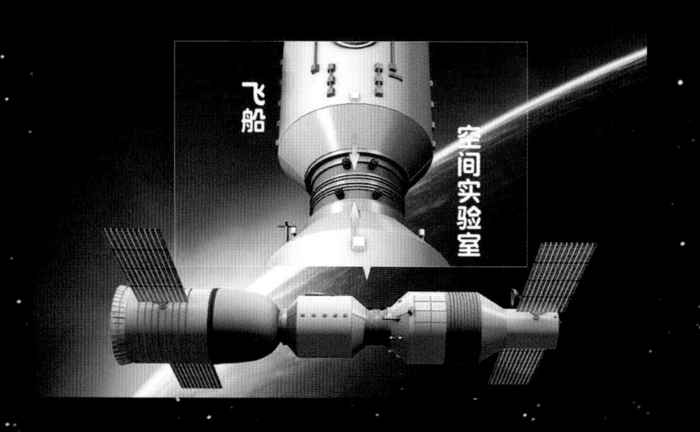

◎ 第八步　锁　紧

神舟十一号飞船和天宫二号空间实验室锁紧后才真正实现了硬连接，完成舱内环境、信息传输总线、电源线和流体管线的连接，使神舟十一号飞船和天宫二号空间实验室成为一个真正意义上的组合体飞行器。

神舟十一号飞船和天宫二号空间实验室这两个“大家伙”成功合体以后，搭乘飞船进入太空的两名航天员（景海鹏和陈冬）要怎样进入天宫二号空间实验室呢？

对接成功后，两名航天员要从神舟十一号飞船“飘到”天宫二号空间实验室。这期间，他们要先从神舟十一号飞船的返回舱进入轨道舱，然后再从轨道舱进入天宫二号空间实验室的实验舱。

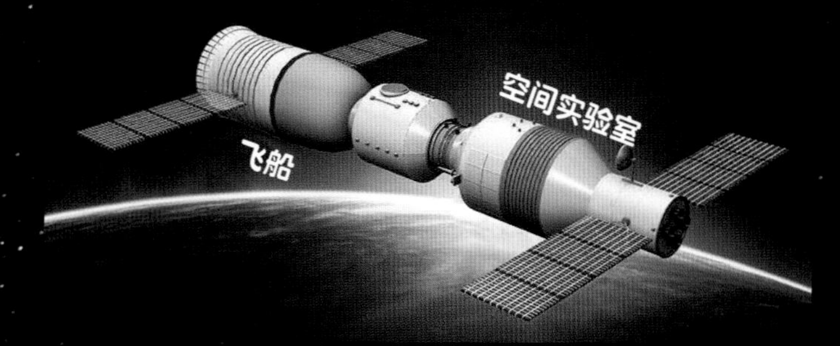

神舟十一号飞船与天宫二号空间实验室对接成功

在向地面报告对接完成后，根据地面指令，两名航天员解开座椅上的束缚带，从座椅上缓缓起身，先打开返回舱舱门的平衡阀，拉开返回舱舱门，然后进入轨道舱。

他们在轨道舱里脱下白色舱内压力服，换上蓝色舱内工作服。完成各项准备后，航天员景海鹏成功开启天宫二号空间实验室的实验舱舱门。

最后，他们以漂浮的姿态依次进入天宫二号空间实验室的实验舱。

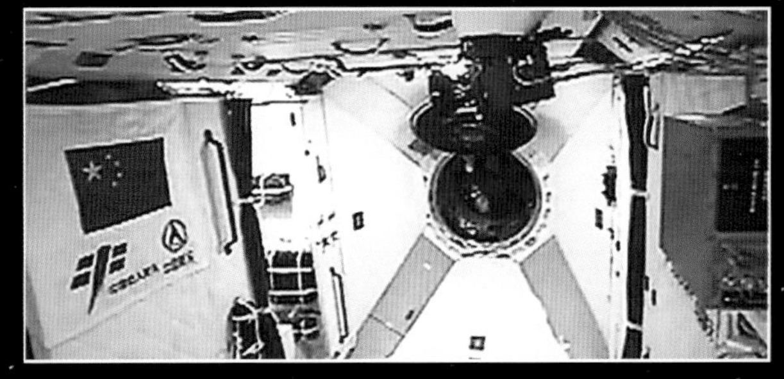

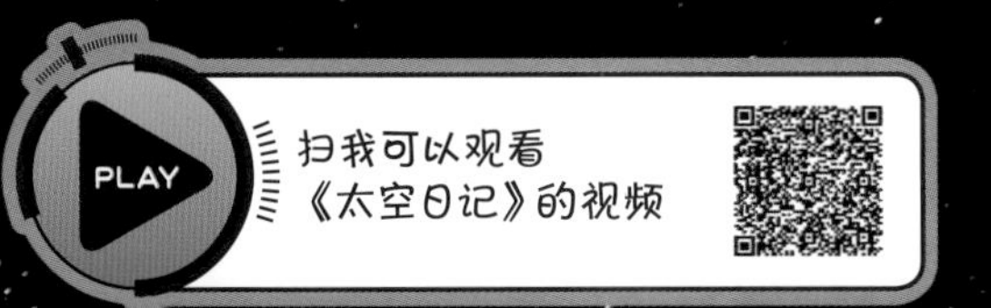

第2编　新华社天宫二号电

太空日记

SPACE JOURNAL

感受篇

新华社太空特约记者　景海鹏

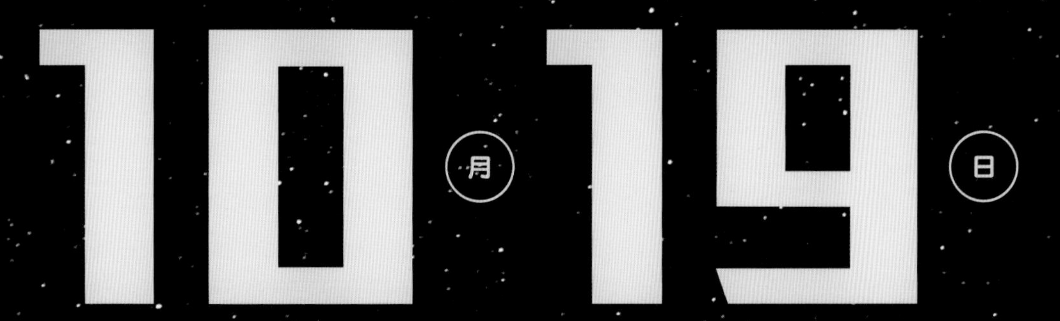

在天宫二号空间实验室里生活，是一种怎样的体验

今天是神舟十一号飞行乘组在组合体的第一天，我是新华社太空特约记者景海鹏。现在是晚上10点05分，我们的工作还没有结束。

听说大家很关心我们的生活，新华社客户端网友“兔兔平安”问我们睡觉、吃饭的情况。我们的工作比较饱满，现在特别想睡觉。早饭和午饭是合并吃的，因为前期在对接，进入组合体，工作比较忙，所以没有时间吃饭。我们准备晚饭好好吃一顿。早饭和午饭主要吃的是一些即食食品，零食吃得比较多，主食吃得比较少。米饭、面条加热完后就忘吃了，我们准备晚上补上。

这次是我第三次进入太空，已经两次进入“天宫”。天宫一号目标飞行器比较舒服，天宫二号空间实验室更舒服，布局、装修、颜色搭配都非常好。

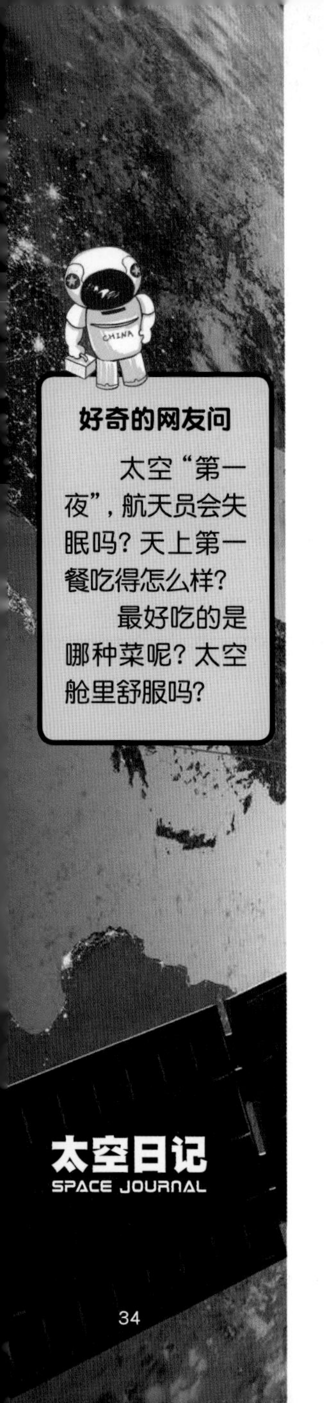

好奇的网友问

太空“第一夜”，航天员会失眠吗？天上第一餐吃得怎么样？

最好吃的是哪种菜呢？太空舱里舒服吗？

景海鹏在天宫二号空间实验室的实验舱

10月19日

景海鹏在实验舱内工作

扫我可以观看
《太空日记》的视频

航天员入门考题 06

景海鹏前两次进入太空，乘坐的是哪两艘载人飞船？（双选）

A.神舟六号飞船　　B.神舟七号飞船

C.神舟八号飞船　　D.神舟九号飞船

| 考题答案 |

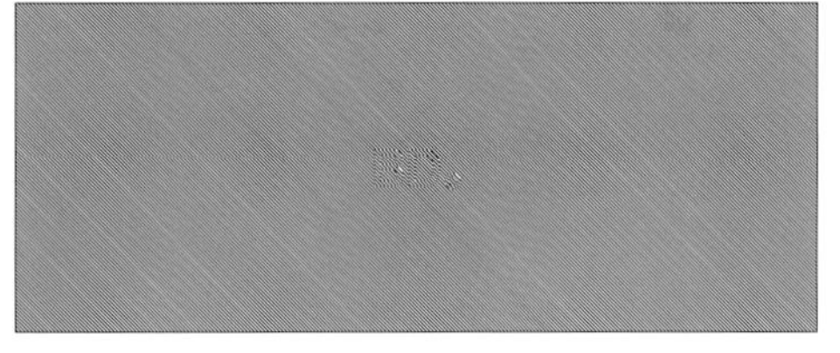

进入太空两天了，之前我在媒体见面会上就说过，今天也和陈冬有交流，军功章必须有“家人”的一半。

此时此刻，我和陈冬在天宫二号空间实验室非常想念大家。我想对航天员大队的战友们说，18年以来，我们同在一个桌上吃饭，同在一间教室上课，同在一个球场打球。18年以来，我们一起工作，一起生活，一起训练，一起追求梦想，我们亲如一家。我知道今天大队的战友们都在为我们站岗、值班、加油，我和陈冬向大队的全体战友敬礼！

外星篇

新华社太空特约记者　陈　冬

第一次进入太空，有没有看到外星人

10 月 21 日

今天是进入天宫二号空间实验室的第三天，我是新华社太空特约记者陈冬。

第一次进入太空的体会确实非常奇特，刚开始感觉自己都不会控制身体了，已经分不清该怎么走路、怎么行动。还好有景师兄帮忙，现在已经慢慢适应失重的感觉，也越来越感受到失重的乐趣。

我晚上睡得挺好的，因为白天工作安排得比较紧凑，所以晚上一闭眼就能睡着。

陈冬在天宫二号空间实验室的实验舱

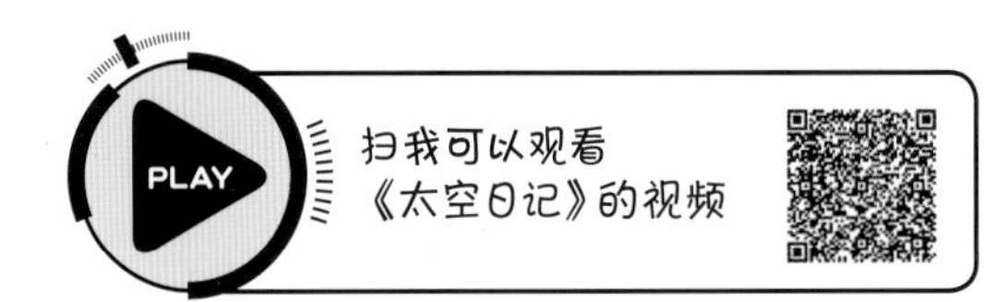

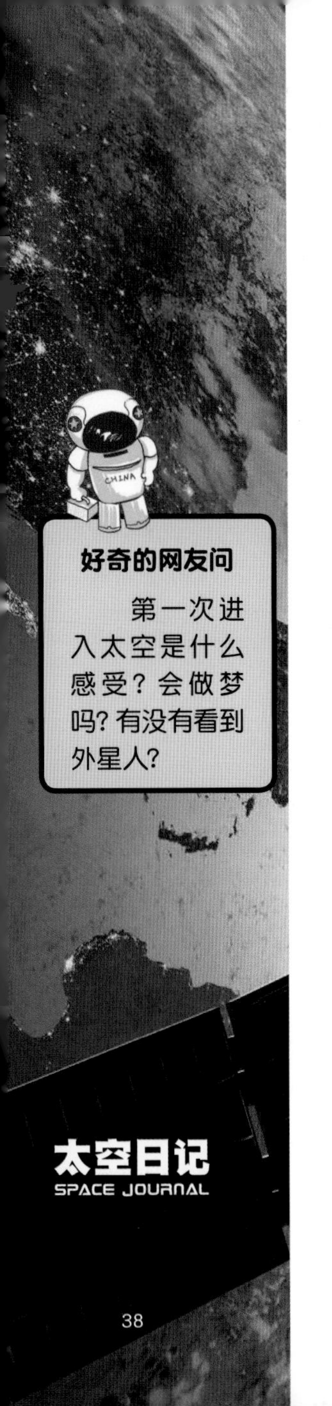

在执行任务以前，我很期待能够看到窗外的风景，这次在飞船里已经看到了。我记得，当时一抛整流罩，就能从舷窗看到美丽的地球，我还多看了几眼。那时候景师兄还问我："看到外面景色没有？"我说："非常美！"我当时就是这种感觉。这两天，因为工作安排得比较多，只能偶尔抽空看一看，看的次数和时间都比较少，我想接下来的日子里，我还会再抽出时间好好地欣赏一下。

现在还没看到过日出和日落，只看到了白天和晚上，我想后面一定要找机会弥补。至于拍照和录像，我会尽一切可能多留一些影像资料，给自己留一个美好的回忆，也给大家呈现出更多的美丽。

听说杭州聋人学校的学生徐思丹在新华社客户端上留言问我，有没有看到外星人。这个小朋友很有想象力。外星人我还没看见，但我也希望能够看见特别奇特的外星人。

航天员入门考题 07

部分航天员在太空飞行时会出现脸色苍白、出冷汗甚至呕吐等症状。学者们把这种症状称作太空晕动症。据研究，每两名航天员中就有一人患有此症。那么，请问造成太空晕动症的原因是什么？（双选）

A.晕船　　B.失重状态

C.超重状态　　D.颠簸状态

| 考题答案 |

服装篇

新华社太空特约记者　景海鹏

航天员为什么有那么多套衣服

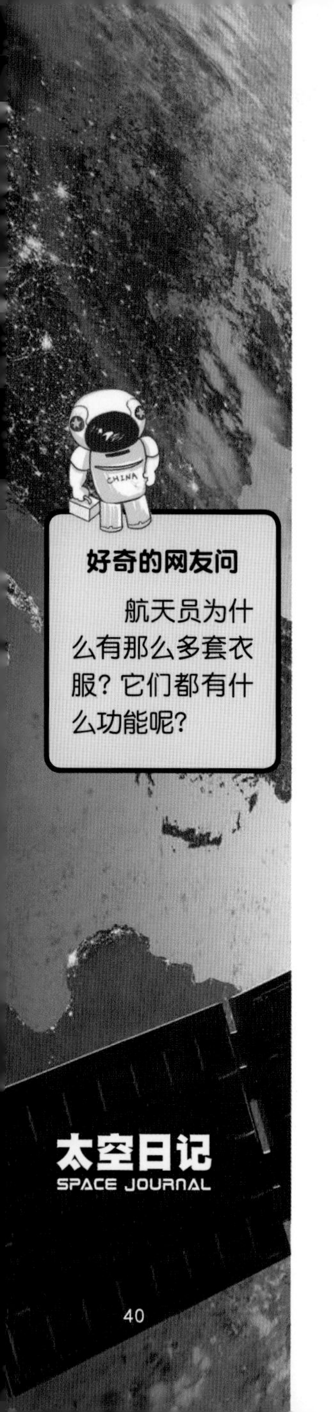

今天是入驻组合体（神舟十一号飞船与天宫二号空间实验室组合体，简称“天神合体”）的第八天，我是新华社太空特约记者景海鹏。

每天工作安排得非常饱满，到晚上眼睛一闭就睡着了，平均有6小时左右的睡眠时间，休息得不错。身体状况也非常好，对完成后续工作和任务充满了信心。请大家放心。

前天是我的50岁生日，看到来自各方小朋友对我的祝福，特别是看到海内外小朋友的祝福视频，看到你们手绘的精彩画作，我非常感动。其实，这不仅是对我的祝福，也是对神舟十一号飞船的祝福，更是对国家载人航天事业发展的祝福。

好奇的网友问

航天员为什么有那么多套衣服？它们都有什么功能呢？

祝景海鹏叔叔
50岁
生日快乐

海鹏叔叔谢谢小朋友们对我的关心和祝福，并祝愿全球的华人小朋友们健康快乐，幸福成长！也希望小朋友们从小树立远大目标，做一个敢于有梦、勇于追梦、勤于圆梦的人。长大后，把自己的聪明才智贡献给我们国家的建设和发展。我们一起携手为中华民族伟大复兴的中国梦做出自己最大的贡献。

有小朋友问：“你们今天穿的衣服和以往都不同，能具体介绍一下吗？”

可能大家在电视上已经看到了，我们今天穿的衣服很多人以前都没有见过。我们有上天穿的压力服，但在“天宫”里，大部分时间穿的是舱内工作服。我今天穿的这件是为失重心血管研究专门配置的衣服。

这件衣服很特别，它有好多粘扣，可以打开。因为我们要和在地面一样做B超，而且还有好多心电要连接，穿普通的衣服不太方便。

所以，这件衣服有好多撕开口，还有拉链。比如在太空里量血压的时候挽起衣袖不方便，只要一拉衣袖上的拉链，就行了，很方便。

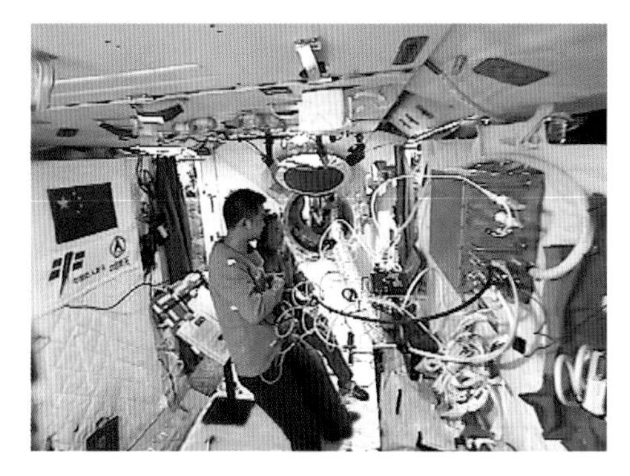

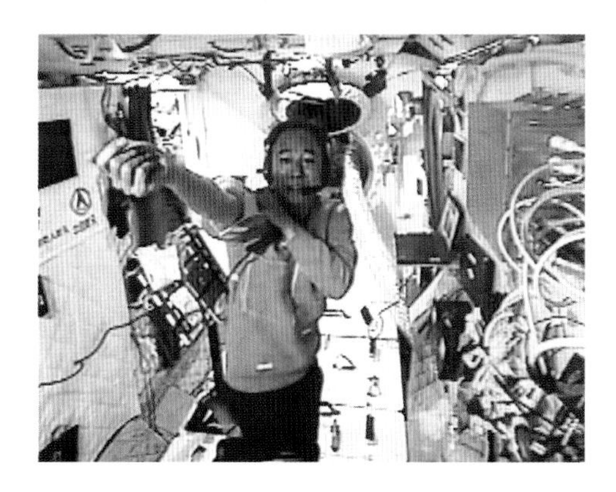

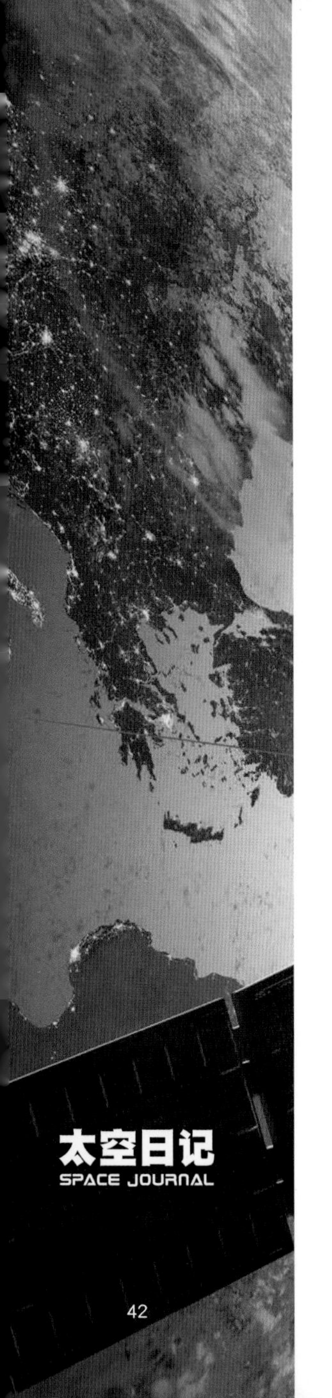

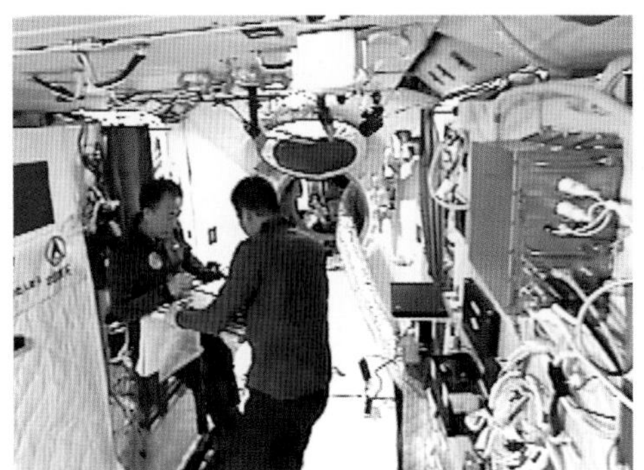

这套是实验服，虽然颜色不是很鲜亮，但是非常实用。当然，我们还有其他的衣服，比如运动服，骑自行车的、跑步的，另外还有便装。

航天员入门考题 08

在特殊的太空环境下，人的心血管、肌肉、骨骼会发生变化。随着驻留时间的延长，航天员需要通过自行车、拉力器等器材加强锻炼，请问这样可以有效对抗航天员在太空环境下出现的什么问题呢？

A.心血管调节紊乱　　B.功能失调

C.肌肉萎缩　　D.骨折

| 考题答案 |

体检篇

新华社太空特约记者　陈　冬

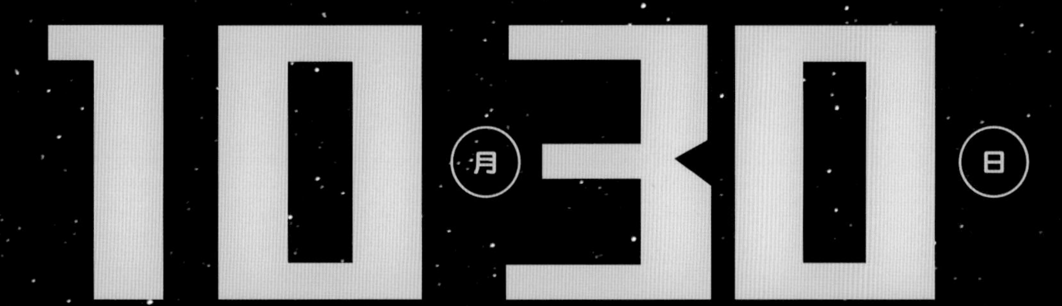

太空里真的能体检出两条人体“动脉”吗

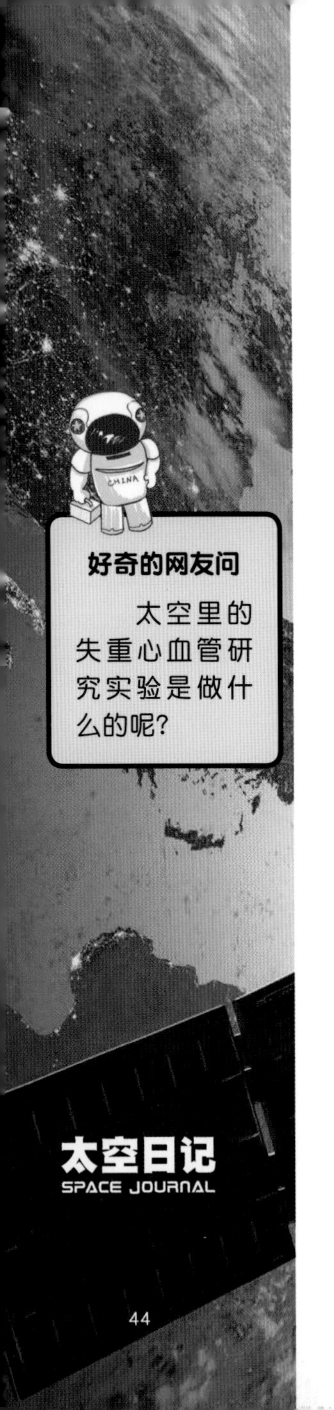

好奇的网友问

太空里的失重心血管研究实验是做什么的呢?

今天是进入天宫二号空间实验室的第十二天，我是新华社太空特约记者陈冬。

今天，我给大家科普一个在轨的实验——失重心血管研究实验，英文缩写CDS。

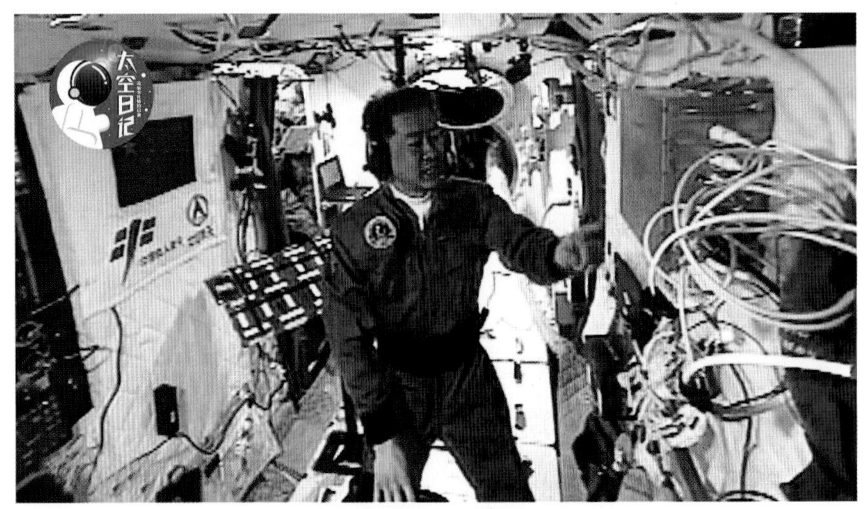

失重心血管研究实验装置

这个实验是用来做什么的呢?

主要是用来在轨检查我们身体的一些指标。

我来逐一给大家介绍一下:

失重心血管研究实验装置上有一根连接线，这根线叫心电信号线。它有四个探头。把这四个探头连接在身上，就可以测量我们的心率。

在心电信号线下面的口袋里，装有测量血压的设备。这个设备和地面上的设备操作是一样的，展开后套在胳膊上。

心电信号线

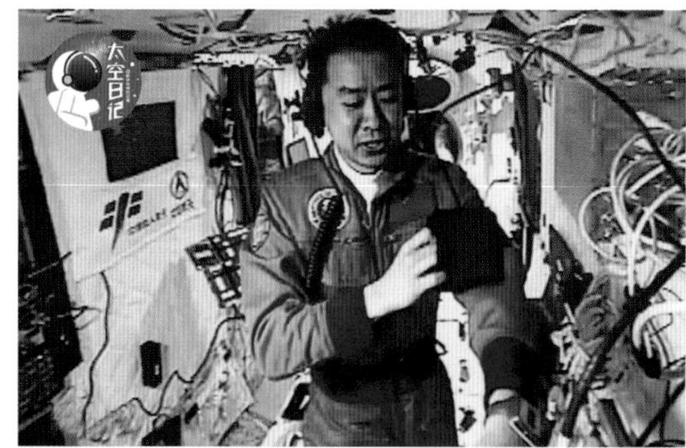

测量血压的设备

测量呼吸的传感器

现在我手里拿着的这个黑色袋子，里面包裹了一个传感器。它是用来做什么的呢？测量呼吸。我们可以把它搭在我们的胸部和腹部，这样就可以测量胸式呼吸和腹式呼吸。胸式呼吸和腹式呼吸是我们身体的两种呼吸方式。

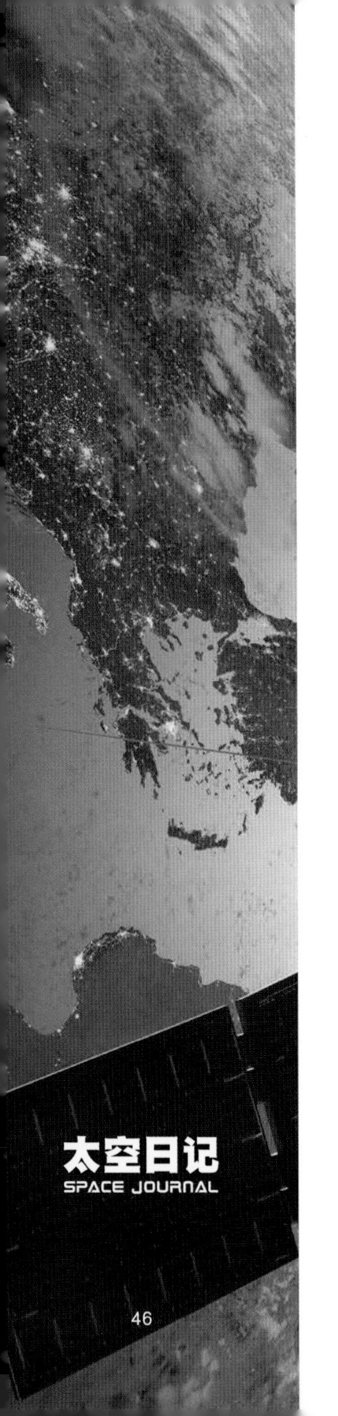

我们日常生活中最普遍使用的是胸式呼吸，它基本能够满足我们在日常生活中使用普通的音量和别人说话。但有时候，我们需要向远方大喊，就会下意识地深吸一口气，然后才能发出很大的声音。如果我们要这样跟别人喊很久的话，就会特别累，而且还会喘气，这时我们就需要使用腹式呼吸。如果学会了腹式呼吸，就可以很自然、很轻松地发出洪亮的声音，而且这种呼吸方式还能适应高强度的运动。当然，用腹式呼吸唱歌也会很棒哦！

我们实验舱里还有一个比较神秘的设备，叫激光多普勒探头，可以测量皮肤上细小血管的微循环。据我所知，这是我国首次在太空上使用。

激光多普勒探头

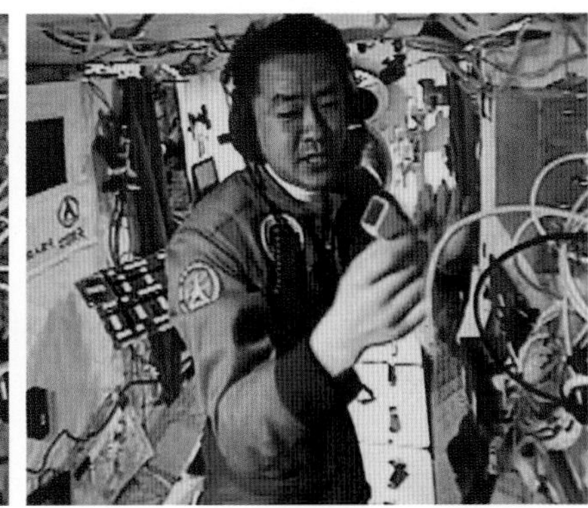
超　声

在太空做失重心血管研究实验和地面上最不一样的地方是什么呢？在太空里失重后，人的器官会发生一定的位移，所以在地面上很好找的位置，在太空中就变得不太容易找到，需要我们反复使用探头来寻找它。

这些设备测出的数据，主要是监控我们在太空中的各项身体指标是否和地面一样，哪些有变化，哪些没有变化。通过这个实验，我们得到一些珍贵的数据，数据传回到地面以后，进行进一步分析，从而得知我们的身体在失重情况下的一些细微变化。

给大家讲一个有趣的事，平常我们做脖子的动脉检查时，很明显就只有一条动脉，但在天上我发现竟然有两条。其实这是一个误会，因为我一开始就找错了，找到的是动脉旁边的静脉。到太空以后，动脉旁边的静脉也变得很粗，就很容易搞错。这也是我们为什么要在太空中做这个实验。就是来对比，找这些不同点，从而研究人体在失重环境下的一些不同之处。

有小朋友问我，太空和我想象中有什么不一样的地方。

其实，进入太空后，很多事情都跟想象中不同。进入太空之前我想象，看地球应该能看到一个比较完整的圆，背景应该是广袤无垠的太空，很黑，地球很亮。但实际上，我们离地球还不是很远，所以从飞船的舷窗看出去，也只能看到地球的一部分，远远看不到地球的全貌。

此外，我感觉自己到了太空以后变成了大力士。因为在地面上非常重的东西，我在这里很轻松就能把它拿起来。例如，一个在地面很重的设备，可能需要两三个人抬着，才能把它装到舱壁上。但在太空中，轻轻地用一只手或者两根手指，就可以使它随意地来回移动。我感觉自己的力气在太空中一下子就变大了，实际上是这些东西几乎都“没有重量”了。我想，在太空中应该很容易打破各种举重比赛的世界纪录。

我在太空中生活才十几天，还很短，还在慢慢体会中。如果后续能再发现更有趣的东西，还会跟小朋友们一起分享。

航天员入门考题 

陈冬感觉自己在太空中变成了大力士，在地面非常重的物体，在太空中很轻松就可以把它拿起来，请问这是为什么呢？

A.物体的质量变轻了

B.物体的重量变轻了

C.人在太空里的力气变大了

D.物体的质量和重量都变轻了

| 考题答案 |

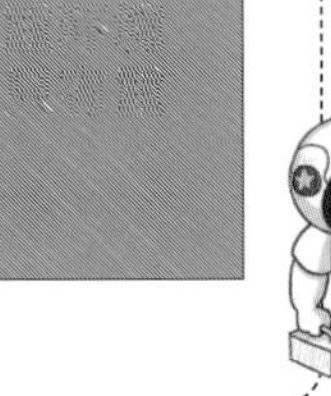

食品篇

新华社太空特约记者 景海鹏

11月04日

航天员在太空怎么喝水，飞船带的水是否够喝

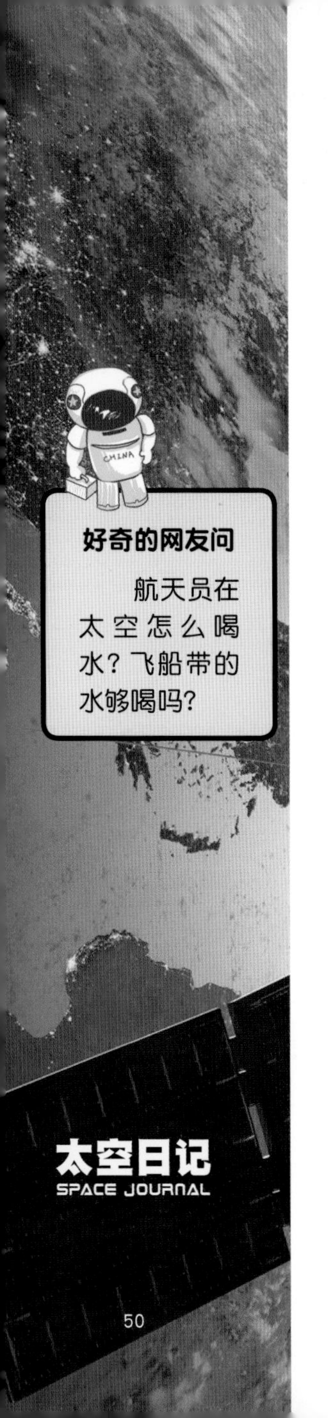

大家好，我是新华社太空特约记者景海鹏。2016年11月7日是新华社建社85周年，神舟十一号飞行乘组在太空向全社的同志们问好，向全社的同志们致以最美好的祝愿！今天是进入天宫二号空间实验室的第十七天，很多人关心我们在太空的伙食怎么样，现在就和大家讲一讲。

说到航天食品，大家可能会觉得特别单调，口感也不好，其实并不是这样。先说说我们今天吃的东西：早餐有粳米粥、椰蓉面包、五香鹌鹑蛋、酱香芥菜等，总共七种食品；中午有八种，包括什锦炒饭、肉丝炒面、土豆牛肉、紫菜蛋花汤等；晚上有八种，有绿豆炒面、牛肉米粉、虾仁鸡蛋、什锦罐头等；加餐有五种，包括麻辣猪肉、蟹黄蚕豆、香辣豆干等。怎么样，够丰富吧！

不同飞行阶段，吃的东西也不同。刚入轨时，我们就会吃得清淡一些，这样更容易消化。目前在组合体飞行阶段，我们的食谱是五天一循环，包括主食、副食、即食、饮品、调味品、功能食品六大类，近一百种。

我们不仅吃得丰富，甚至还可以“挑挑食”，在一个食品周期之内，可以同类替换。因为我之前上过两次太空，所以在前期制定食谱时，科研人员征求过我的意见。吃了这么多天，我觉得这次比前两次选择更多，味道更好。也就是说，这次带上来的食品，本身就是我和陈冬爱吃的，所以根本不会感到单调。

11月04日

航天员

太空食谱

早餐 breakfast

粳米粥、椰蓉面包、五香鹌鹑蛋、酱香芥菜等七种

午餐 lunch

什锦炒饭、肉丝炒面、土豆牛肉、紫菜蛋花汤等八种

晚餐 supper

绿豆炒面、牛肉米粉、虾仁鸡蛋、什锦罐头等八种

加餐 snack

麻辣猪肉、蟹黄蚕豆、香辣豆干等五种

神舟十一号飞行乘组11月4日菜单手绘图

图片纯属想象 请以太空实物为准

对美食的追求是无止境的。陈冬兄弟是河南人，这次工作人员专门准备了一些河南面食。本次任务期间，主食还包括八宝饭、什锦炒饭、玉米粥、米糕、面包等。

副食也很丰富，有黑椒牛柳、红烩猪排、叉烧鸡肉、什锦蔬菜等。与前几次相比，我们能吃到更多蔬菜，这些蔬菜可以提高膳食纤维的摄入量。我们还第一次在太空吃到了贡菜。

这次我在太空过50岁生日，他们还给了我一个惊喜，准备了两个罐头装的奶酪蛋糕。虽然只有巴掌大小，但让我和陈冬感到很温暖。

景海鹏在太空吃到的50岁生日蛋糕

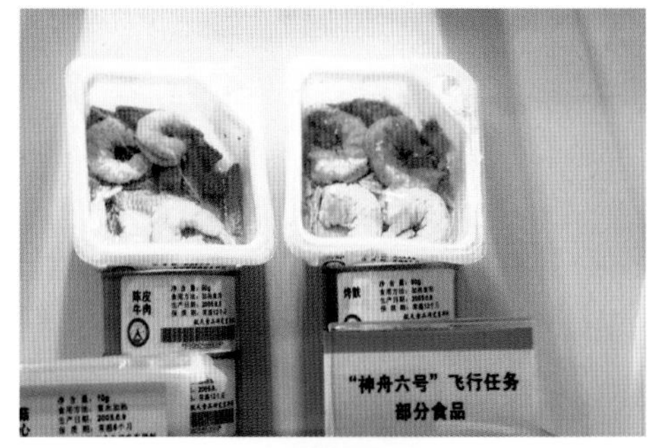

太空食品

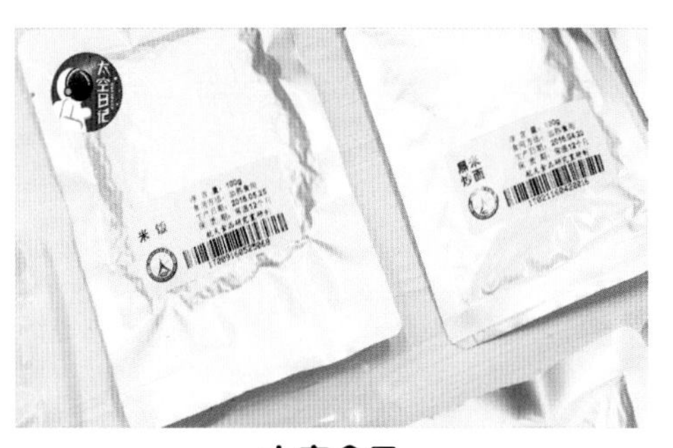

太空食品

太空食品

11 月 04 日

除了一日三餐，我们还有许多点心和夜宵可以补充能量。这些主要是即食型肉类和饼干、面包等烘焙食品，以及糖果、乳制品等零食，品种非常多。

北京第一实验小学的钟绎如小朋友在新华社客户端上提问：“在太空怎么喝水？在太空住这么久，带的水够喝吗？”

我想告诉他，在太空要用吸管喝水，防止水珠飘起来。

我们不仅带够了水，还带了各种饮料。更了不起的是，这次在太空中，我们还能自己泡茶喝，这在前几次飞行中是没有的，其他国家的航天员也很少这样做。据我所知，这次是中国人首次在太空中泡茶。茶叶包分为红茶和绿茶两种。每个茶包重2克，装在一种特制的包装袋里。在太空里泡茶的方式和地面是不一样的，在地面上喝茶，是先烧水后泡茶，但在太空里，我们要先往装茶包的包装袋里注水，然后再通过加热器进行加热，之后才可以喝。每个茶包可以泡四五次。我和陈冬基本天天都要泡茶喝。

除了茶，饮品还有各类果汁和菜汤。这次汤的种类更多了，有紫菜汤、菠菜汤、裙带菜汤、白菜蛋花汤、野菌芙蓉汤等。另外，还有

红茶

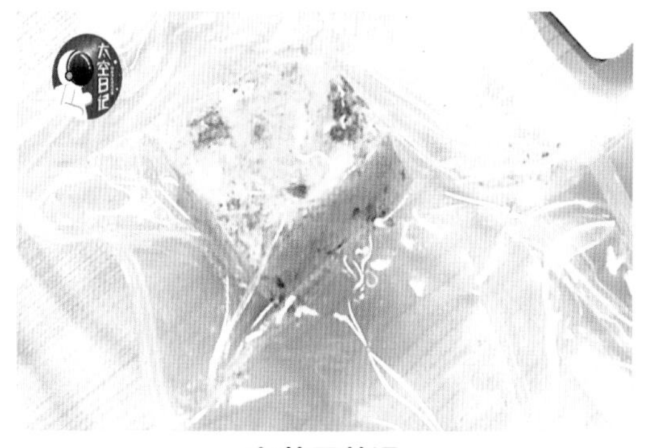

白菜蛋花汤

防止产生油腻感的去腻茶和暖胃的“温胃饮”等功能饮品。

前几次调味品以咸辣为主，这次酸辣甜咸样样都有。甜味的就是蜂蜜，装在管里，需要抹在面包上时就挤出来。工作人员还把我老家山西的陈醋用小袋子分装好，带上了太空，这是我第一次在太空吃到家乡的醋。调味品的种类也非常多，有豆瓣酱、麻辣酱、甜辣酱、香辣酱等。

感谢大家对我们的关心。我们的太空之旅已经过半，后续发现有趣的东西，再和你们分享。

航天员入门考题 10

在太空里加热食品的时候，为什么一定要用电热板夹住食品呢？

| 考题答案 |

运动篇

新华社太空特约记者　陈　冬

11 月 07 日

航天员在太空怎么锻炼身体

今天，我和景师兄主要进行自行车锻炼。早上我做完锻炼后，整个人的状态还是不错的。因为自行车只有一台，所以常常是一个人蹬自行车的时候，另一个人就做拉力器。我们每次蹬自行车的时间，一般是半小时，不过做拉力器锻炼不需要那么长时间，所以做拉力器锻炼的那个人，会尽量拉长锻炼时间，等待另一个人。我们一直这样互相配合。

在天上蹬自行车的感觉和地面不一样，有点像是躺着蹬，不太容易使上劲，还挺累的。

这些天，我们还进行了跑步锻炼。跑台上设计了束缚系统。在跑台上锻炼都是按照预先设计好的方案来做的。

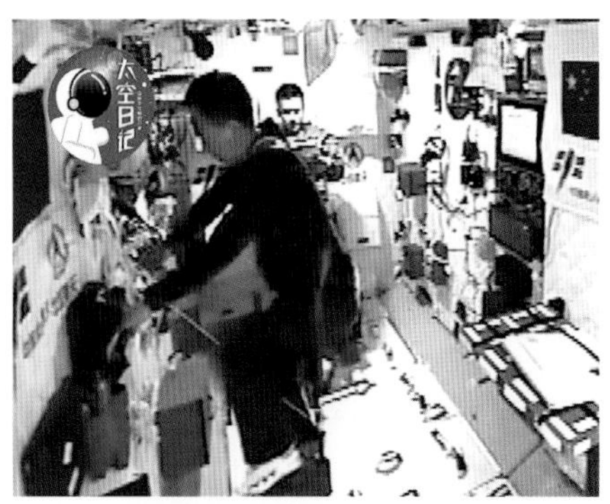

航天员在太空蹬自行车

航天员在太空跑步

中国人之前没有在太空跑过步，这是第一次。其实前两天，我们刚开始跑步的时候，一点儿都跑不起来。直到第三天，景师兄跑起来了，而且一口气就跑了一个小时，尽管地面工作人员对我们的要求只是半个小时。当时他很兴奋，还专门申请和地面通话，把这个喜讯告诉大家。

无论是做拉力器锻炼，还是蹬自行车，或者是跑步，在地面上完成起来都非常容易。但是在太空失重环境下完成起来，就有很大的难度。相反，一些地面上的高难度动作，在太空反而就很容易完成，像翻跟头、漂浮等。

太空跟地面不一样，在地面活动的时候，平常不怎么用的肌肉，现在成了关键的肌肉了。比如上臂的力量比在地面上更重要。在地面上站立或者坐下，人们都说“下盘要稳”，而在太空，更多用到的是上肢，就连移动位置都要用手扒着过去。所以这些在地面不常使用的肌肉，我们需要在太空加强锻炼。

这次我们还结合蹬自行车、跑步，做了失重心血管研究实验。锻炼的时候，我们会在左手带一个指套，这样就可以记录逐搏血压等信息。锻炼前后，我们还会检测身体的超声图像，对比运动前后的身体变化。

扫我可以观看《太空日记》的视频

航天员入门考题 

“企鹅服”的命名是怎样得来的呢？

| 考题答案 |

航天专家科普时间

航天员为什么要穿企鹅服呢？

王林杰（航天医学基础与应用国家重点实验室副主任）：

航天员长时间在太空停留，由于没有重力的作用，不仅身体里的各个部位会发生移动，而且身体的骨骼、肌肉也会发生一定变化。比如脊柱的肌肉一放松，人的身高就会增加，这会影响到脊柱的稳定性，所以就需要让航天员穿着企鹅服来进行锻炼。企鹅服可以在失重状态下为身体提供物理防护，相当于把身体失去的重力加上了。

种植篇

新华社太空特约记者　景海鹏

航天员带上天的植物，现在长得怎么样

大家好！今天是神舟十一号飞行乘组进入组合体第二十四天。我是新华社太空特约记者景海鹏。

大家听说我们带了植物上太空，都很好奇，都想知道它们现在长得怎么样，需不需要人照顾。今天我就告诉大家，它们长得很好。我们给它们光照、浇水，看它们发芽，这种感觉太棒了。我们还跟它们合影留念。

还有很多人关心我们在天宫二号空间实验室种植的生菜，现在，我就具体和大家讲一讲。

今天做的是一些常规的照料工作，主要是检测植物的灯光照射、栽培基质（土壤的替代品）的含水率和养分含量，以及用注射器往基质里推入空气。

我们有一个检测含水率的仪器，如果显示指数低，就说明需要给生菜浇水了。我们还会用注射器往栽培基质里注入空气，这是为了让生菜的根部呼吸到新鲜空气，有利于它的成长。我们就像是太空的“农民”，每天至少都要花10分钟的时间来照料生菜。

另外，在太空种生菜使用的基质和地面的土壤是不一样的，我们用的是蛭石。

蛭 石

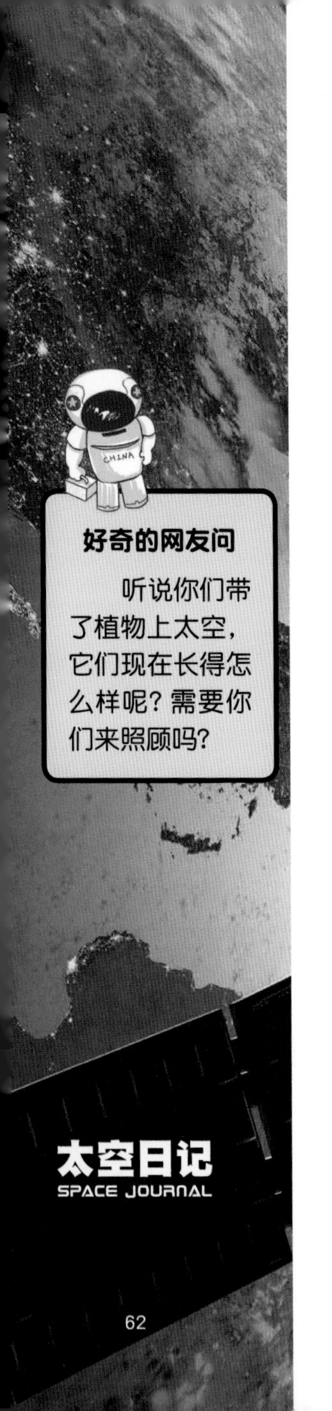

好奇的网友问

听说你们带了植物上太空，它们现在长得怎么样呢？需要你们来照顾吗？

蛭石是一种矿物质，它的吸水性非常好，水分在其中传导非常均匀。当我们把水注入基质以后，基质里的蛭石就可以把水分很好地运输到植物根部。另外，蛭石还有一个优点就是密度小、质量轻，便于携带上天。

植物栽培是在我们进入组合体的第二天开始的。首先我们需要安装栽培装置，就像搭积木一样，把装置的各个部件组装成一个白色箱体。拼装这个白色箱体的固件是3D打印机打印的，很轻便。它上面有两个器件，一个用来测量土壤中的水分和养分参数，另一个在植物生长后期用来在封闭情况下测量植物的光合作用。

植物栽培实验装置

组装完栽培装置以后，我们接着就会浇水、播种。在上天之前，有一部分种子就已经被放进白色箱体的单元格里面。这些种子是经过特殊处理的。由于生菜的种子比芝麻粒还小，为了方便我们播种，专家们特意在种子外面做了一层包衣，使它和绿豆粒差不多大，方便直接用手拿。包衣在吸饱水后会裂开，但在后面的成长过程中，我们发现，包衣对种子发芽的速度会有细微的影响。

在太空播种的方式和地面也不同，地面一般是先播种后浇水，但由于我们带入太空的白色单元格是硬质材料，只有吸水软化后，种子才能放进去，所以我们是先浇水后播种。

播种完后，我们会在栽培装置里铺上一层保鲜膜，就和种庄稼的地膜一样。它的作用是保护植物，防止水分流失。

在进入组合体的第五天早上，我们发现种子发芽了。当时我和陈冬兄弟都非常高兴，第一时间把这个好消息告诉了地面工作人员。我们拍了很多照片，还跟刚发芽的生菜合影留念。

航天员给植物进行光照

航天员在为生菜间苗和浇水

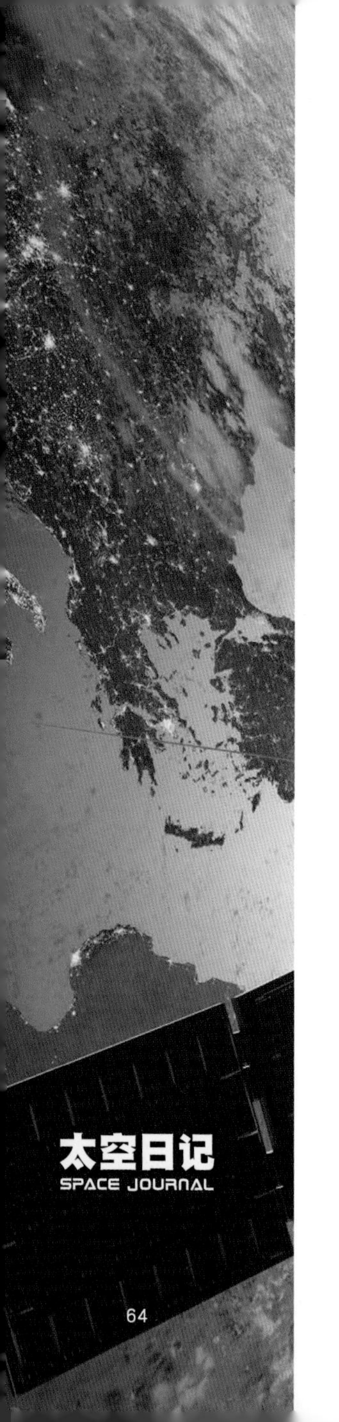

种子发芽以后，我们就会拿掉地膜，把安装在栽培装置顶端的灯打开，给生菜提供光照。这种灯光是由红、蓝、绿三种颜色组合而成的，主要偏红色。

我们第一次给生菜间苗和补水是在播种后的第六天。间苗那天，我和陈冬兄弟发现生菜长得特别新鲜，看着比地面的还要绿一些。

我们间苗用的是镊子，主要是把长得相对差一些的生菜连根拔出来，在每个单元格里只保留两棵菜苗。因为菜苗都非常嫩，所以我们得非常小心，一不留神就会把需要保留的生菜苗碰坏。

第一次间苗过了三天后，我们开始了第二次间苗和浇水。这时，每个单元格就只保留一棵菜苗了。浇水其实不是每天都需要做的工作。专家为我们设定了五次浇水，每次浇水使用的是注射器，用它将水注入生菜根部。除了播种、间苗和浇水，我们还需要每天对生菜进行观察、拍照，检查基质的含水率和养分含量等。

到今天为止，在我们亲手照料下的生菜，已经长得很好了。我们看着它们一天天成长，很有满足感。

航天专家科普时间

为什么要选择在天宫二号空间实验室里种生菜呢？

王隆基（航天员中心环控生保研究室副研究员）：

1. 生菜的生长周期是一个月，这一次在轨时间恰好是一个月。
2. 生菜在地面上的种植技术比较成熟。
3. 生菜可以食用，在未来的空间探索中可以作为航天员的食材。
4. 生菜是老百姓比较常见的植物，有利于进行科普宣传。

大家也很关心，在太空，生菜生长的方向会发生变化吗？长得怎么样呢？

在这里，我要告诉大家，我们种植的生菜和地面是一样的，也是向上生长的，而且长得好像比地面更高一些。虽然太空是失重环境，但是因为植物有趋光性，所以它依然是朝上长。

还有人很好奇，在太空种出来的生菜能吃吗？

这次是中国首次在太空人工栽培蔬菜，我们种的生菜是用来做实验的，暂时不食用。我相信经过研究，以后我们在太空种的各种蔬菜，肯定是可以吃的。我也期待着在太空吃上自己种出来的蔬菜。下周二，是我们在轨种植蔬菜的最后一天，到时候我们会进行植物采样，把生菜的叶子和根茎剪掉，放到低温储存装置中，再把它们带回地球进行生物安全性检测，比如检测植物表面的微生物是否超标。只有检测合格后，我们才会在下次实验中考虑让航天员食用栽培的蔬菜。

在轨植物栽培技术，是未来长期太空载人活动、深空探测等必不可少的一项技术。将来我们还会做其他物种的大面积栽培实验，通过几轮实验，逐步掌握植物在太空生长的规律，便于以后在空间站种植种类更多、数量更多的植物。

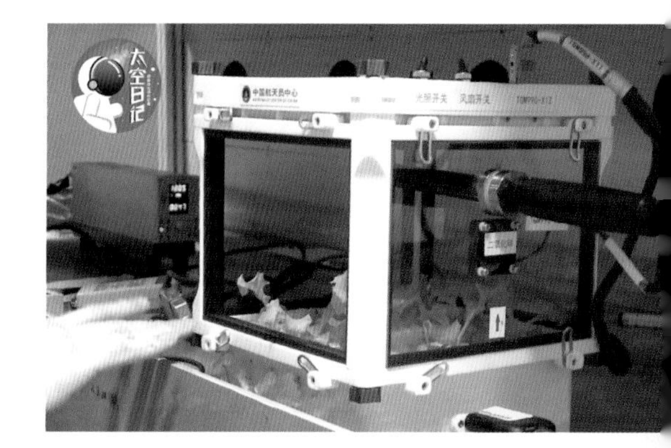

在栽培装置中生长的生菜

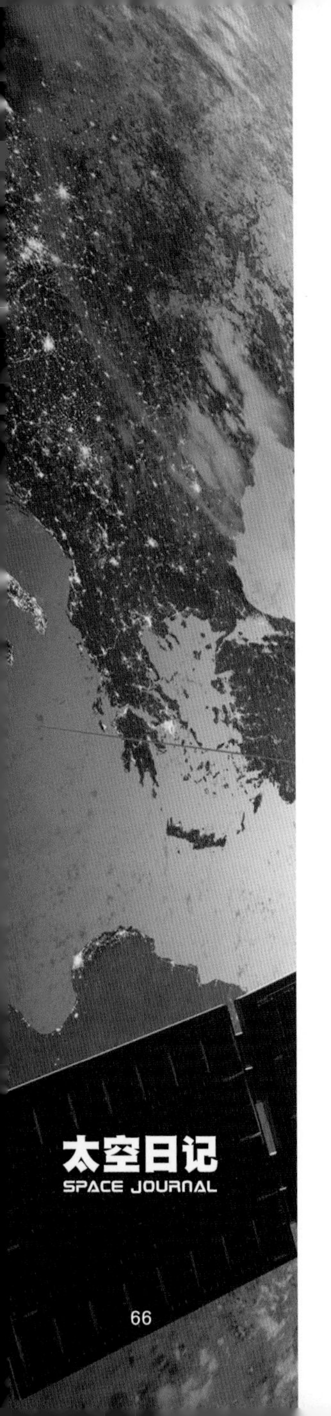

航天员入门考题

航天员给生菜进行光照使用的灯光，是由红、蓝、绿三种颜色组合而成的。采用绿光是因为它照射到生菜叶上，视觉效果非常好；采用蓝光是因为它对植物形态舒展具有较强的作用。那么采用红光是因为什么呢？

| 考题答案 |

扫我可以观看
《太空日记》的视频

直播篇

新华社太空特约记者　景海鹏、陈　冬

航天员返回地球之前，要做哪些工作

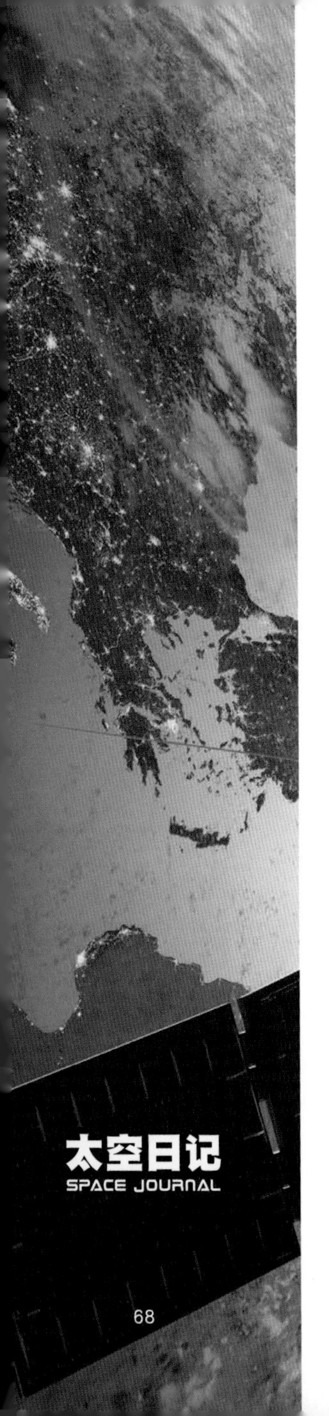

航天员首次作为记者与新华社编辑部进行天地对话

李柯勇（新华社记者）：

景海鹏指令长、陈冬，你们好！受新华社领导委托，我代表全社同志向你们两位特别的同事致以特别的敬意和感谢！这些天来，你们发回的“新华社特约记者太空日记”的网络阅读量累计已超过1亿人次。这也是世界航天史、新闻史上航天员首次以记者的身份从太空发回报道。面对全国、全世界的受众，你们想说点什么吗?

景海鹏：

截至11月15日，神舟十一号飞船进入太空整整30天。这30天里，在紧张的工作之余，我们也通过舷窗瞭望，看看世界各地的风光。特别是飞船经过祖国上空的时候，我们俩非常激动。说心里话，在茫茫太空，时刻都能感受到祖国和亲人的牵挂，感受到全球华人对我们的关心、鼓励和支持。借此机会，我们也向全国人民表示感谢，向全球华人表达最美好的祝福。

景海鹏和陈冬在天宫二号空间实验室内与新华社编辑部进行天地对话

李柯勇：

再过几天，你们就将返回地球。即将告别太空，能否描述一下你们的心情？

景海鹏：

这些天以来，领导、同事和战友们都在地面上支持我们，为我们值班，为我们加油鼓劲。所有的飞控人、航天人都在为我们提供方方面面的支持。后面还有两天时间，我们会把各个方面的细节做得细而更细、严而更严，确保安全。

陈　冬：

我现在的心情有一点儿留恋和不舍，但也有高兴和兴奋。留恋和不舍主要是因为马上就要离开天宫二号空间实验室。在这里，我们生活、工作了30天。这里就像是我们在太空的家，所以还是有些留恋和不舍。高兴和兴奋是因为我们就要回到我们的"大家"，回到我们的地球，回到我们的祖国。我们也会把后面的工作做好，安全、顺利、圆满地完成这次任务，返回到我们的祖国，我们的家。

景海鹏与李柯勇正在进行天地对话

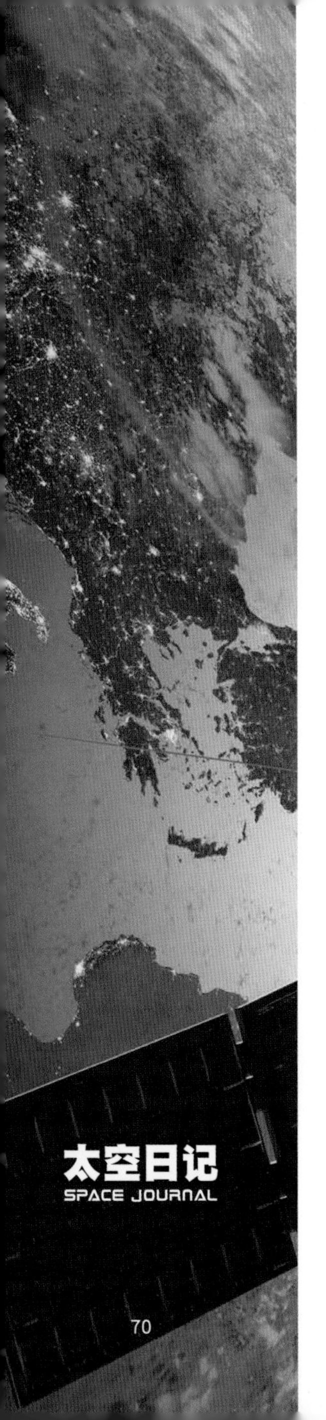

航天员返回地球之前，要做的工作

李柯勇：

返回地球之前，你们要完成哪些工作？

景海鹏：

这几天，各项工作还在如期进行，并且要为返回地球做些准备工作。主要包括三个方面：一是在轨产生的实验数据的回收；二是舱内环境的整理；三是离开天宫二号空间实验室之前进行状态设置。

◎ 工作任务一：回收在轨产生的实验数据

景海鹏：

关于数据收集、样本回收，目前大部分实验都已经做完了，相关的数据有一小部分基本上已经下传到地面，其他部分的数据量太大，只能存储到卡上，由我们带回地面。另外，在太空栽培的生菜、结茧的蚕，这些都是要带回去的。还有在太空中采集的尿液、唾液等样本，以及离轨前采集的大气微生物样本，也要带回地面进行分析。

陈冬正在配合景海鹏进行太空实验

◎ 工作任务二：整理舱内环境

陈冬：

舱内环境整理，一项任务是搬东西，就好比打包行李。最开始进入天宫二号空间实验室的时候，我们搬了很多东西进来，包括生活用品、实验用的东西等，大大小小的都有。那就是在布置太空中的一个家，现在相当于要搬回地球了。回去之前，我们要把带过来的东西再挪回到它们应该放的位置。有些东西在发射状态中是安装好的，在轨打开用了，解开的过程比较复杂，再装起来的过程也比较复杂；还有些东西要在天宫二号空间实验室绑定好，绑的工作也比较费时。

在太空打包，人和绳子都是飘的，系上一边，另一边又飘起来。但是打包不能马虎，包绑成什么样、放在哪个位置，带子是斜着打结还是顺着打结，都是有明确要求的。

景海鹏：

我们离开之前要把天宫二号空间实验室打扫得干干净净，该收的东西收走，这是非常重要的。一些垃圾放在天宫二号空间实验室里是比较危险的，为了保证天宫二号空间实验室后续任务正常进行，必须带走。残余食品垃圾、卫生用品垃圾，还有在轨实验产生的一些垃圾，比如电池、电极，都要打包好放入轨道舱，然后随轨道舱坠入大气层销毁。

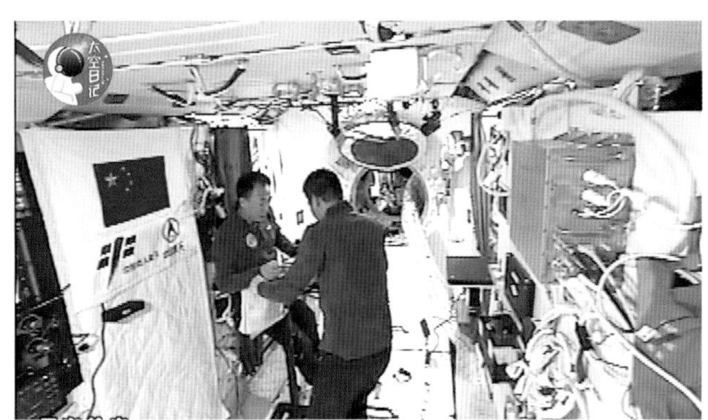

航天员把废弃物装进真空袋

和地球上把垃圾丢进垃圾箱不一样，我们需要把废弃物放入压缩袋，这有点儿类似平时家里打包被子用的真空袋——中间有个单向阀，把骨条拉上后，再用抽气筒抽气。

◎ 工作任务三：天宫二号空间实验室的状态设置

陈冬：

临行状态设置，有点儿类似于长期离开一间房子之前要断水断电。天宫二号空间实验室今后还要被长期管理，和货运飞船对接，我们要保证全部电、水、气、通信都设置到位。总共有四五十项状态设置。这样一来，天宫二号空间实验室在后续执行无人任务的时候，就可以通过我们的状态设置，向地面传输有效参数。

这次任务，全国人民、全世界华人都很关心我们，谢谢大家一直以来的关心和支持！希望大家能够继续关注航天科技，关注我国载人航天事业的发展。

航天专家科普时间

如何整理舱内废弃物？

张建丽（航天员中心总体室副主任设计师）：

对废弃物的体积进行简易压缩、分类处理，可以保证废弃物不会占用航天员太多的活动空间。另外，垃圾如果暴露在空气中，很快会产生异味。以后空间站会有类似压缩机这样的垃圾处理器，也有可能设置大垃圾桶和垃圾区。

航天员入门考题 13

航天员返回地球时，废弃物会被放入神舟十一号飞船的轨道舱，然后随轨道舱坠入大气层销毁。那么，需要带回地球的有用物品要放在神舟十一号飞船的哪个舱段呢？

| 考题答案 |

“神舟十一号收到。”

科普篇

新华社特约记者　景海鹏、陈　冬、王亚平

全球首堂“天地联讲科普课”

“神舟十一号，早上好！
这里是北京。”

11月17日

每天清晨，我们都在来自地球的问候声中醒来，然后开始穿衣、洗脸、刷牙、刮胡子，迎接新一天的太空生活。

明天（11月18日），我们就要返回地面了。在轨期间，我们专门为全国青少年朋友录制了一堂“太空科普课”。

其实，早在2013年，天宫一号飞行乘组就曾经给全国的中小学生上过一堂太空实验课。不同的是，这次我们会与地面上的航天员王亚平一起客串“太空科普老师”，她就是上次太空实验课的主讲人。据我们所知，这种天地航天员联手讲课的方式以前还没有过。

地面主讲人：航天员王亚平

很多小朋友都很好奇，航天员在太空中一天的生活是怎样度过的呢？这次，我们“天地联讲科普课”的主题就是“太空一日”。我们将虚拟神舟十一号飞船与天宫二号空间实验室组合体上完整的一天，讲一讲我们在太空中是如何工作和生活的。

第一件事：照顾蚕宝宝

今天上午，我们的第一件事是照顾蚕宝宝。

很多小朋友都在关注被带上太空的六只蚕宝宝的情况，所以我们介绍的第一项工作就是“太空养蚕”。

这次，香港的几位中学生“小科学家”，代表所有的小朋友、中小学生把他们的梦想和期待带上了太空，想通过我们的天宫二号空间实验室把梦想变成现实。在地面上养蚕，我们可以观察到，蚕宝宝吐丝可能有方向，而且根据地面养蚕的实验研究，它的蚕茧形成过程很有特点，很有规律。

这次，香港中学生的创意就是想看看在太空养蚕，蚕宝宝吐不吐丝，如果吐丝，吐出来的丝能不能成茧。

进入天宫二号空间实验室的实验舱以后，从养蚕实验开始到结束，我们每天都对蚕宝宝进行观察、照顾，而且为它们打扫蚕舍。

王亚平：

蚕宝宝很萌吧？不过，“太空养蚕”可是一项非常严肃的科学实验。

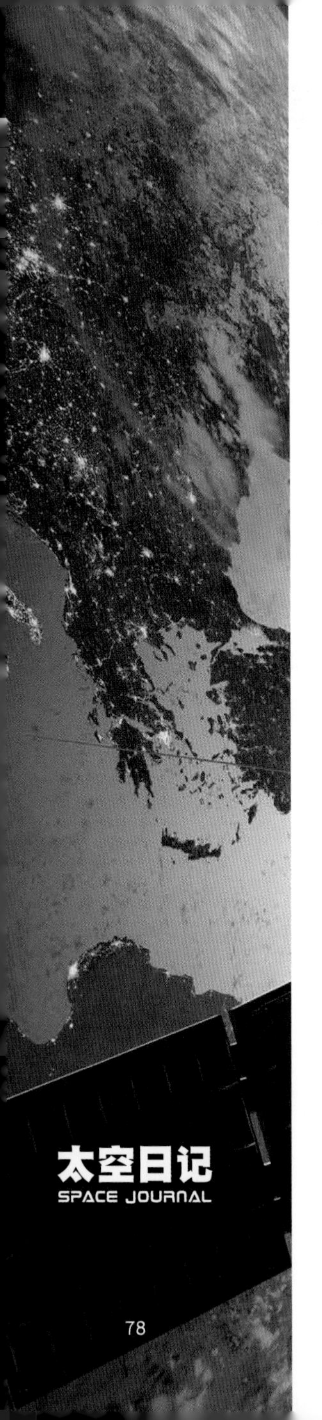

蚕宝宝的家是一个小装置，而它更大的一个家就是离地球393千米的中国空间实验室——天宫二号空间实验室。经过10天的太空生活，我非常高兴地告诉大家，带上太空的6只蚕宝宝中，有5只已经吐丝，而且结成茧了。蚕茧也已经被放到冷藏箱，准备带回地球。唯独剩下6号蚕宝宝，我们发现，它长得不是太健壮，而且好像不怎么动。但是，我们每天都在观察它。

按计划，我们的太空养蚕实验10月26日就应该结束，但是我们当时没放弃，仍然继续观察它，坚持关心它。我们希望奇迹出现，也希望它像前五只蚕宝宝一样，能够吐丝，能够结茧……

景海鹏手里拿着的是蚕宝宝的家

6号蚕宝宝

王亚平：

一位小朋友在新华网上提问，将来假如进行长时间的太空旅行，航天员怎样才能吃到蔬菜呢？答案很简单——自己种。

第二件事：在太空当“菜农”

这次，神舟十一号飞船带了一些生菜的种子到天宫二号空间实验室，想看看它们在太空生长得怎么样吗？

这几棵生菜很幸运，它们是中国首次太空人工栽培的植物。

在天上种菜和地面有很多不同。地面一般是先播种后浇水，但由于带上太空安置种子的是硬质材料，只有吸水软化后，种子才能放进去，所以是先浇水后播种。

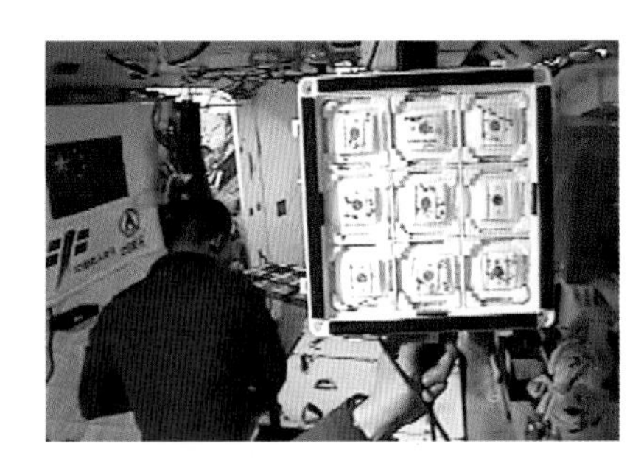

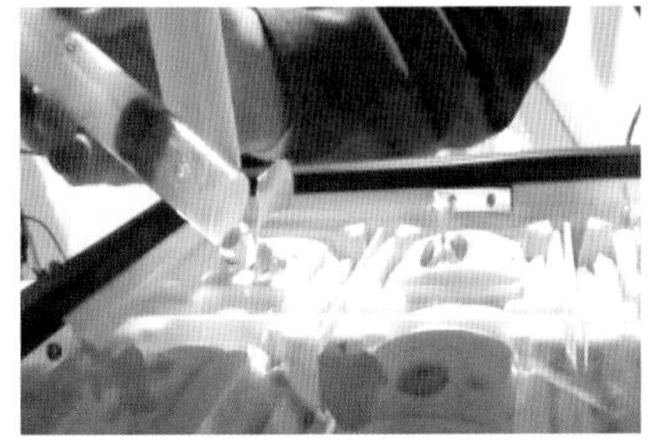

王亚平：

两位航天员真的在太空当起了“菜农”。

太空植物栽培装置

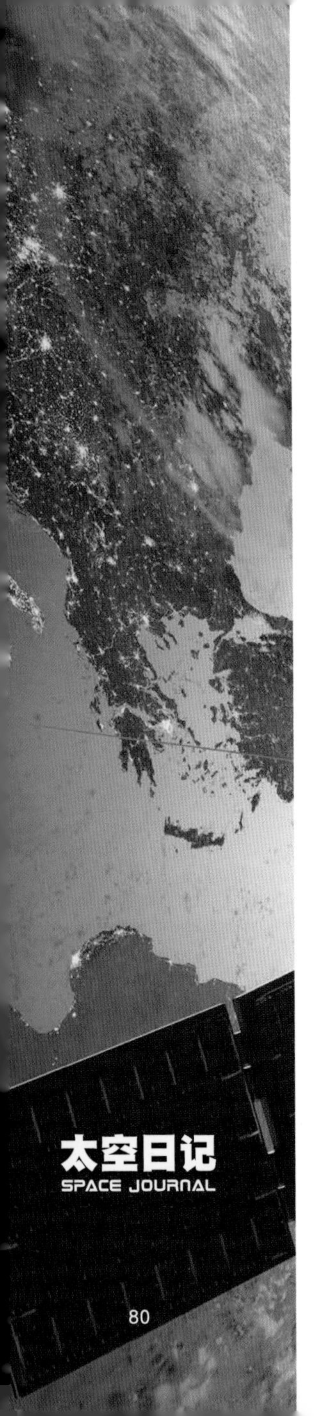

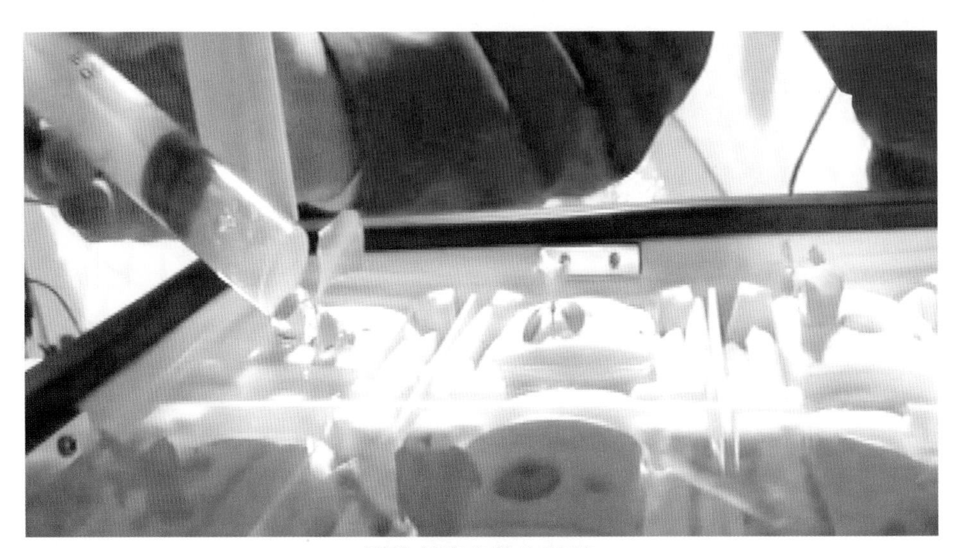

刚生长出来的生菜芽

太空种菜使用的可不是一般的土壤，而是一种名叫“蛭石”的矿物质。它的吸水性非常好，可以轻松将底部的水传导到植物根部，让生菜们“喝”个痛快。

航天员在为生菜浇水

进入神舟十一号飞船和天宫二号空间实验室组合体的第五天，生菜种子就发芽了。我们非常高兴，还跟生菜芽合影留念。

生菜发芽后，航天员要给生菜间苗——用镊子把长得弱一些的菜苗拔掉，每个单元格里只保留一棵菜苗。菜苗都非常嫩，所以我们得非常小心，留神不要擦伤菜苗。为了让菜苗长得更健康，还要用注射器往栽培基质里推入空气，让生菜的根部呼吸到新鲜空气。

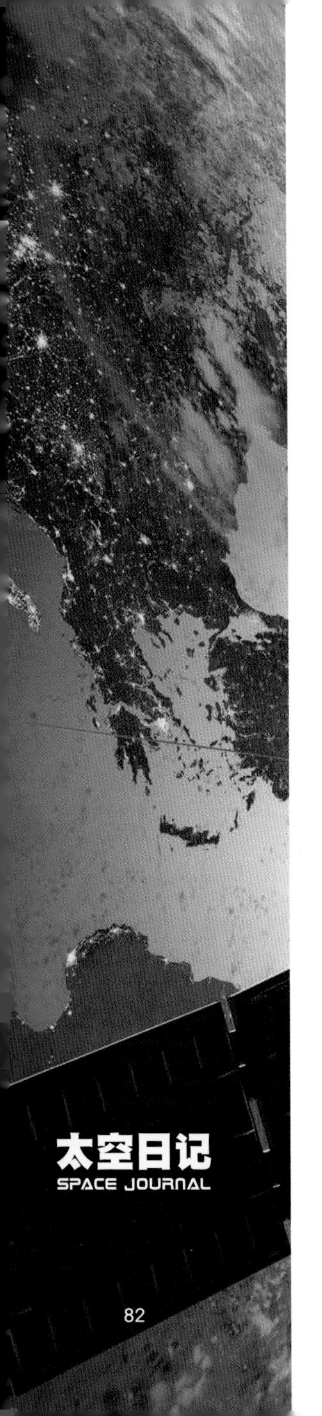

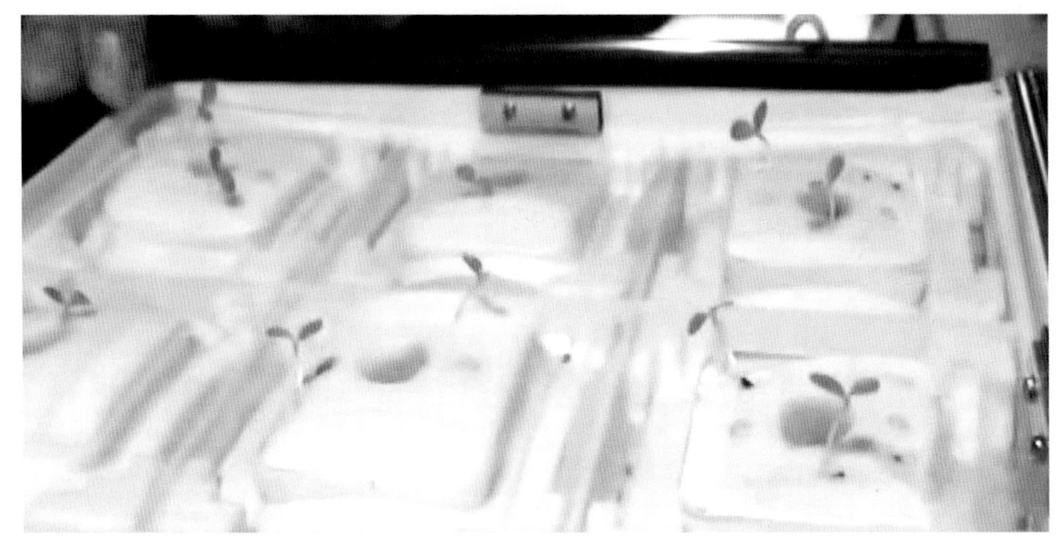

航天员每天用10分钟照顾生菜，现在菜已经长得很好了

王亚平：

我相信，在不远的将来，我们就能在太空吃上自己种出来的蔬菜。将来假如进行更长时间的太空旅行，蔬菜不仅可以给航天员提供食物，还可以提供氧气。

提供食物

蔬菜可提供人体必需的多种维生素和矿物质，对身体健康有益。而且蔬菜里还含有纤维素，能够帮助消化。

提供氧气

在光的照射下，绿色蔬菜可以将二氧化碳和水转化为有机物，并释放出氧气，供航天员呼吸所用。

第三件事：脑机交互实验——用意念控制机器

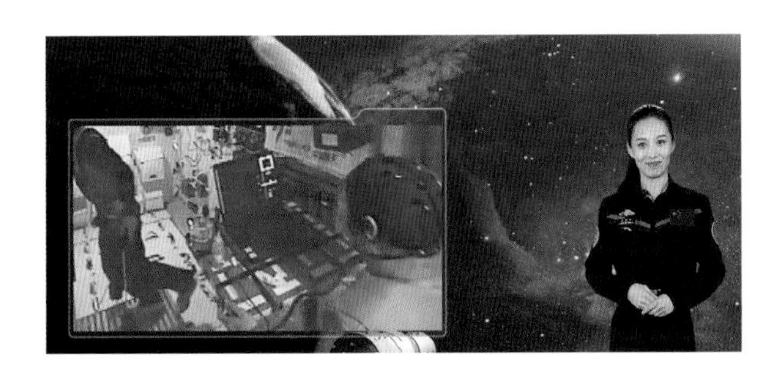

航天任务越来越复杂。假如能突破双手操作的限制，直接用意念，也就是思维活动来控制机器，那该多好！事实上，中国航天员已经开始试验这样一种“神器”——脑机交互技术。是像物理学家霍金一样用面部肌肉来控制电脑吗？

不，我们的“神器”比他的更厉害，连眼皮都不用眨一下，就能给电脑下指令。这是不是很像科幻片里才能见到的情景呢？没错，但它正在变成现实。

脑机交互技术是怎样通过意念控制机器的呢？一共四步。

第一步：采集脑电。

第二步：提取特征。

第三步：识别命令。

第四步：进行控制。

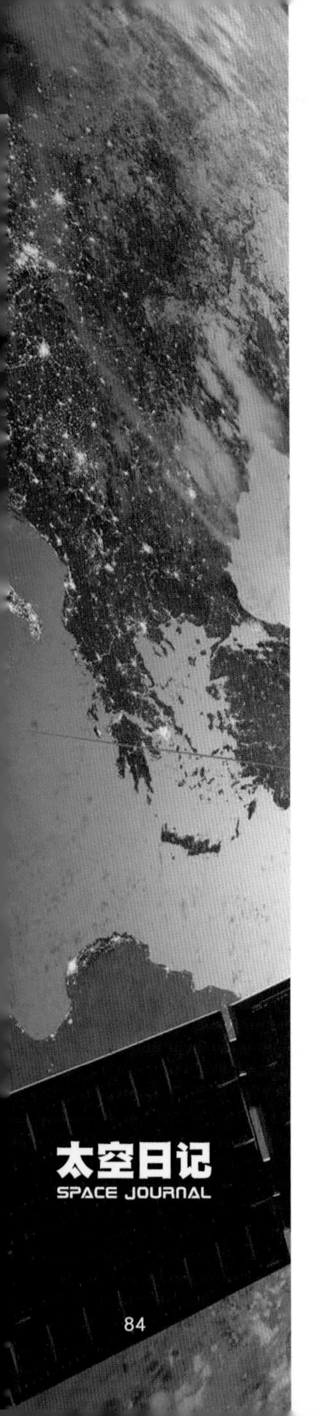

脑电帽

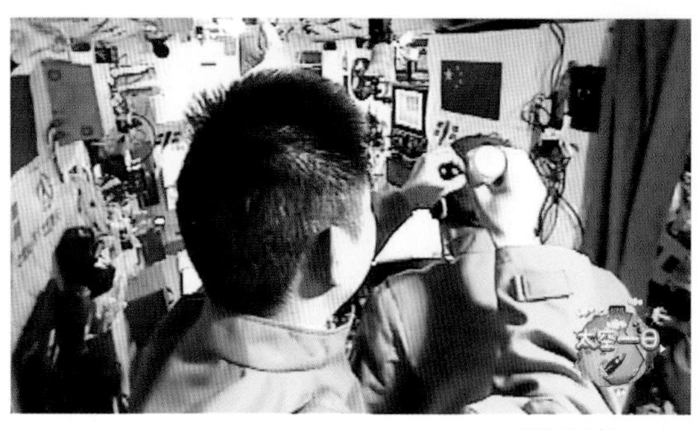

导电膏

小朋友们肯定会问，航天员戴在头上的帽子是干什么的呢？答案是采集脑电。

参加试验的人不仅需要在头上戴一顶脑电帽，而且还要涂上导电膏。那么，涂上导电膏的目的又是什么呢？答案是为了让脑电帽更好地采集到头皮的脑电信号。大家注意到脑电帽上的小孔了吗？当导电膏从那里注入以后，导电膏里的细粒就可以填充在接触面的缝隙中，这样就相当于增加了采集脑电信号的触头和头皮的接触面积。当然也就可以让脑电帽更好地采集到头皮的脑电信号。

下面，我们给大家介绍几个脑机交互技术的小实验。

◎ 视觉刺激实验

当我们戴上脑电帽以后，我们的大脑通过脑电帽和电脑建立了连接。同时，我们再给一个小机器人和电脑建立连接，如右图（上）。

实验开始，电脑屏幕上一共有四个选项：小A、小B、小C和小D，如右图（下）。

如果我的眼睛一直注视着小A，脑电帽就会采集到我的脑电信号。这条指令就会通过电脑传递给小机器人。小机器人就会知道我想跟小A进行交流。于是小机器人就会说："我想和小A交流。"

是不是很神奇呢？将来，当我们的航天员被束缚在返回舱的座椅上时，也许就不需要使用指挥棒来操纵按钮，只需要一个眼神，飞船就心领神会，马上执行我们航天员的操作指令。

◎ 运动想象实验

和上一个小实验一样，当我们戴上脑电帽以后，我们的大脑通过脑电帽和电脑建立了连接。同时，我们再给一个小机器人和电脑建立连接。这样一来，小机器人就可以很好地向我们演示实验效果。接下来，我们就可以开始实验了。

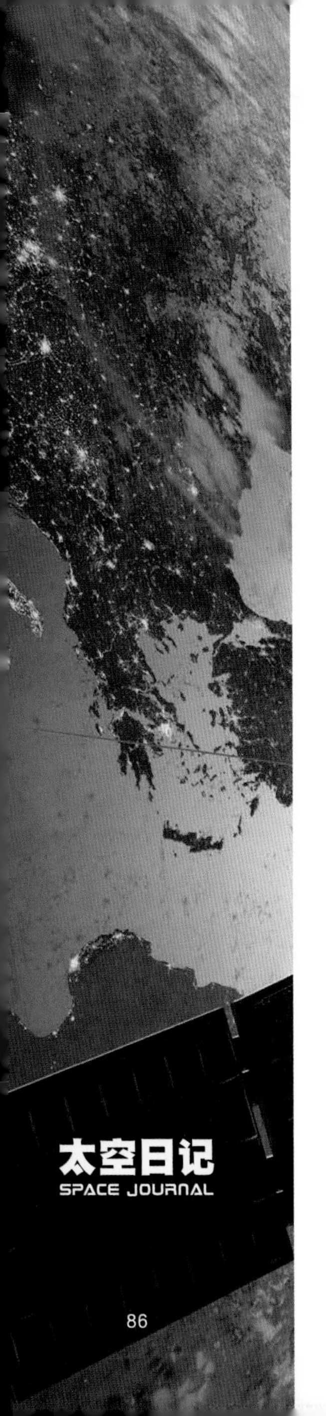

实验开始以后，如果我们想象左手，脑电帽就会采集到脑电信号，然后通过电脑传递给小机器人。小机器人就会举起左手。同理，如果我们想象右手，小机器人就会举起右手。

◎ 通过脑机交互来拼写一段话

这项实验是利用P300拼写器来拼写一段话。当我们戴上脑电帽以后，我们的大脑通过脑电帽和电脑建立了连接。同时，我们再给一个小机器人和电脑建立连接。

接下来，我在实验开始以后想一句话，电脑就会控制小机器人说出这句话。如果这个“神技”在将来得到应用，我们的航天员就可以通过这种方式来记录很多信息。这对太空失重环境下操作不便的航天员来说，实在是一件非常棒的事情。当然，这个“神技”也能给我们的聋哑人朋友提供特别大的帮助。

了解了这三个脑机交互的小实验，大家一定觉得很神奇吧。要知道，这项太空实验可是国际上首次在轨进行脑机交互技术空间适应性测试。

有的小朋友可能会问，脑机交互在地面也能做，为什么一定要去太空做呢？那是因为太空环境对脑电信号是否有影响，目前还不能完全确定。所以，这项脑机交互实验的主要目的，就是要看看太空环境对脑电信号是否有影响，在地面建的分类模型在太空是否还适用。

航天员正在进行脑机交互实验

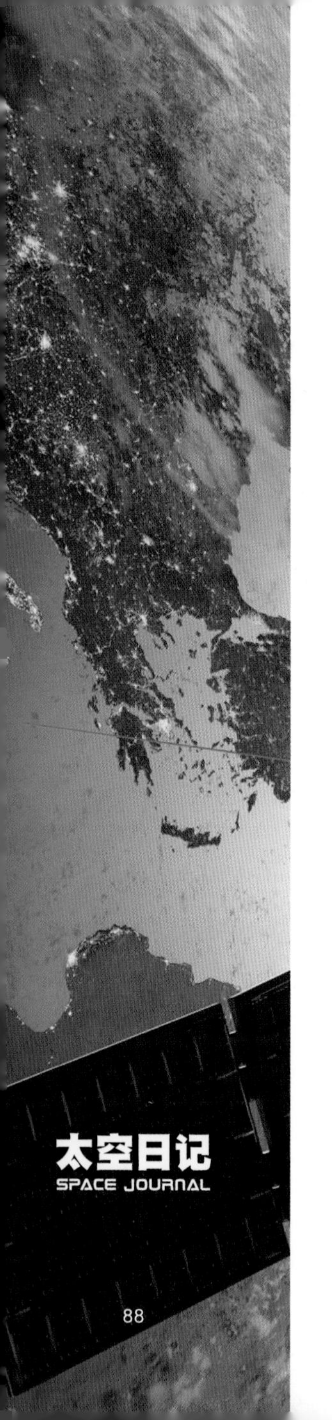

第四件事：在失重环境下表演“远程投喂食物”

介绍完在太空养蚕、当“菜农”、做脑机交互实验这三件事，我们开始给小朋友们演示在太空吃午餐的过程。

在大家的印象中，航天员还是只能吃味道不怎么样的压缩食品，但其实咱们国家的航天员已经能在太空享受丰盛的大餐了。我们今天的午餐就有土豆牛肉、叉烧鸡肉、什锦炒饭、黑木耳山药、紫菜蛋花汤等八种。吃饭的时候我们还会看一些视频娱乐节目。

这次，我们带上天宫二号空间实验室的食品有主食、副食、即食、饮品、调味品、功能食品六大类，近一百种。我们的食谱五天一循环。

当然，在太空失重环境下吃饭，可以非常有趣。我们可以秀一下“特技”，表演太空新吃法，比如远程投喂食物。

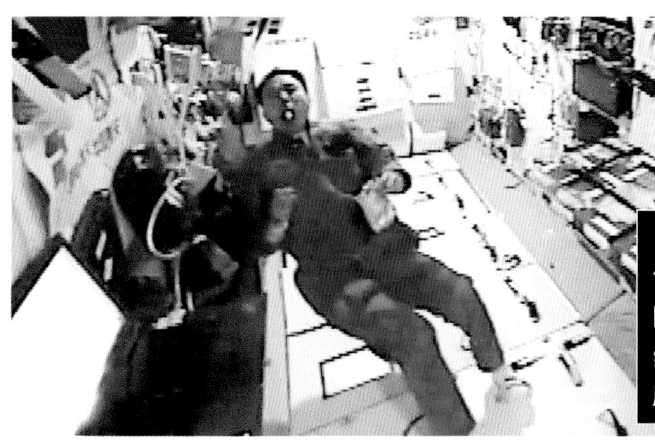

陈冬撕下一块面包，随手一丢，面包就飘向了几米外的景海鹏。景海鹏张嘴去够，没够着，只好伸手接住，又丢给陈冬。陈冬再丢一次，这回，景海鹏成功地一口接住。

第五件事：中国人首次在太空进行体检

一位小朋友在新华社客户端上提问，在太空会生病吗？如果生病怎么办？今天航天员们用完午餐后的另一项科学实验，就是“太空体检”。

太空体检不仅仅是一个太空实验项目，也是对我们航天员的身体检查。通过太空体检，我们可以知道自己的身体状况到底怎么样。非常高兴的是，我们在太空里，身体一直非常好，还没有生病。

关于小朋友问到的“在太空生病怎么办”这个问题，我们首先要告诉大家的是，我们在航天员中心训练的时候已经熟练掌握止血、清创和包扎换药等基本医疗技能，以及心肺复苏、锤击复律等自救互救技能。

一般情况下，我们在太空生病的诊疗是由医监医生来即时处理。当病情复杂时，就需要借助地面支持医院的临床专家，通过天地远程医疗会诊系统进行会诊，并对疾病诊断和处理提出建议，最后交由航天员中心进行决策处理。

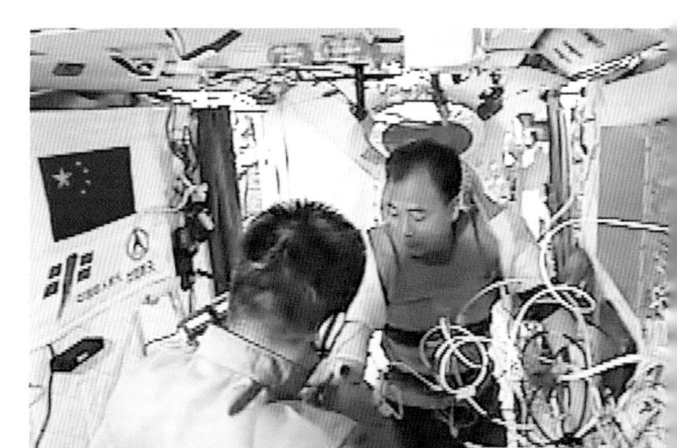

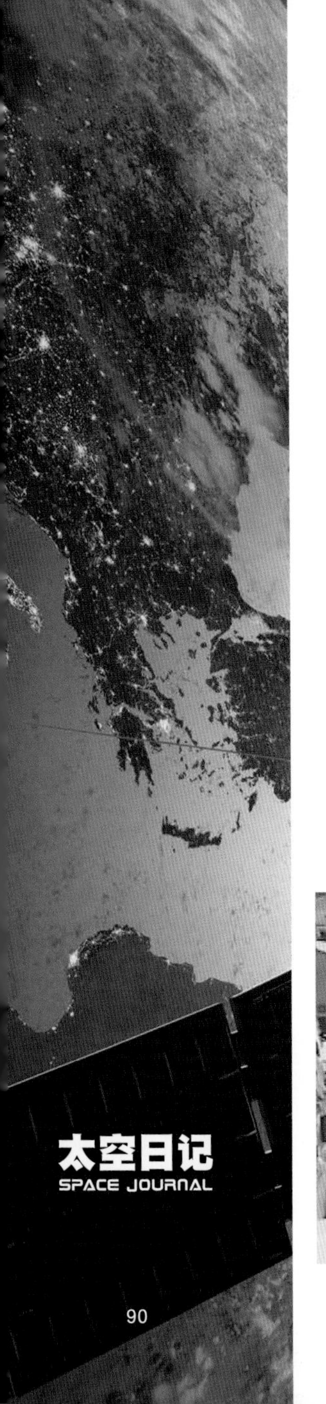

第六件事：太空锻炼

今天进行的几个科学实验只是一小部分，神舟十一号飞船这次一共带上来几十项实验。尽管太空中的工作繁忙，但我们每天都要做些体育运动，坚持锻炼。

因为长期待在太空失重环境下，有可能会导致人体肌肉萎缩、骨质疏松等，所以想要保持健康，就必须坚持锻炼。

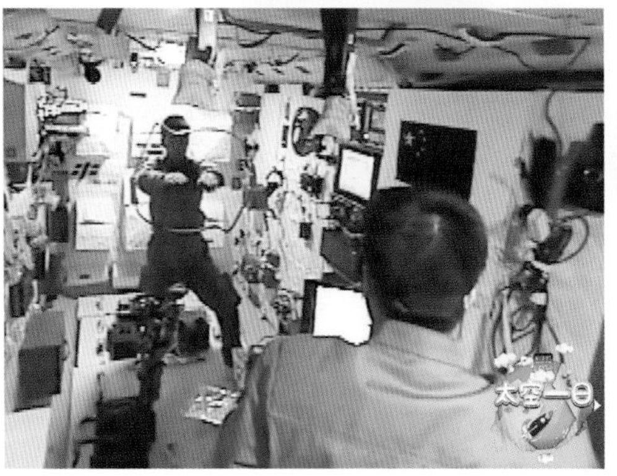

太空锻炼

我们每天都要进行跑步、骑自行车、使用拉力器、穿企鹅服等项目，这些都是在天宫二号空间实验室上的常规锻炼。除此之外，我们还会做一些高难度的动作，比如倒立、翻跟斗、悬浮打太极……因为失重，很多在地面上的高难度动作，在天上都会变得易如反掌，比如空翻、倒立，都变得特别简单。

当然，为了缓解工作中的疲惫，增加太空生活的乐趣，我们还举行了一场“太空比武”。

忙碌了一整天，到了晚上，我们在睡前会有一小段自由活动的时间。

有时候，我们会在太空里玩“自拍”，给这段难忘的经历留下更多美好的回忆；有时候，我们也喜欢来到窗前，静静地看看窗外美丽的蓝色星球——我们的地球。

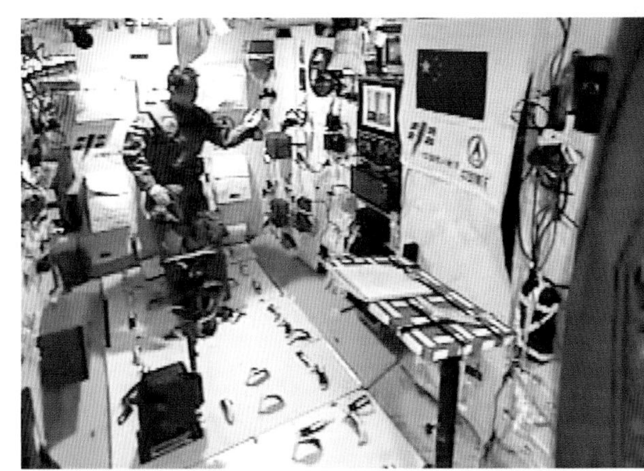

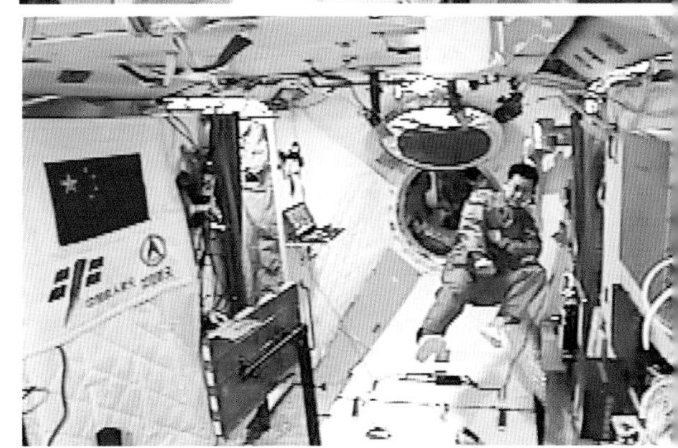

太空太极拳和太空“无影脚”

航天员入门考题 14

在地球上，一昼夜的时间是24小时，而航天员在太空里经历一昼夜的时间要比24小时短得多。所以航天员在太空里睡觉的时候，不得不戴上黑色眼罩，以免太阳不断升落，影响休息。请问航天员在天宫二号空间实验室里经历一昼夜的时间是多长呢？

| 考题答案 |

王亚平：

在浩瀚星辰的怀抱中，两位航天员在忙碌一天后，进入了梦乡。他们会梦到些什么呢？明天又将是充实而忙碌的一天。

第3编 天宫二号空间实验室

太空实验

SPACE EXPERIMENTS

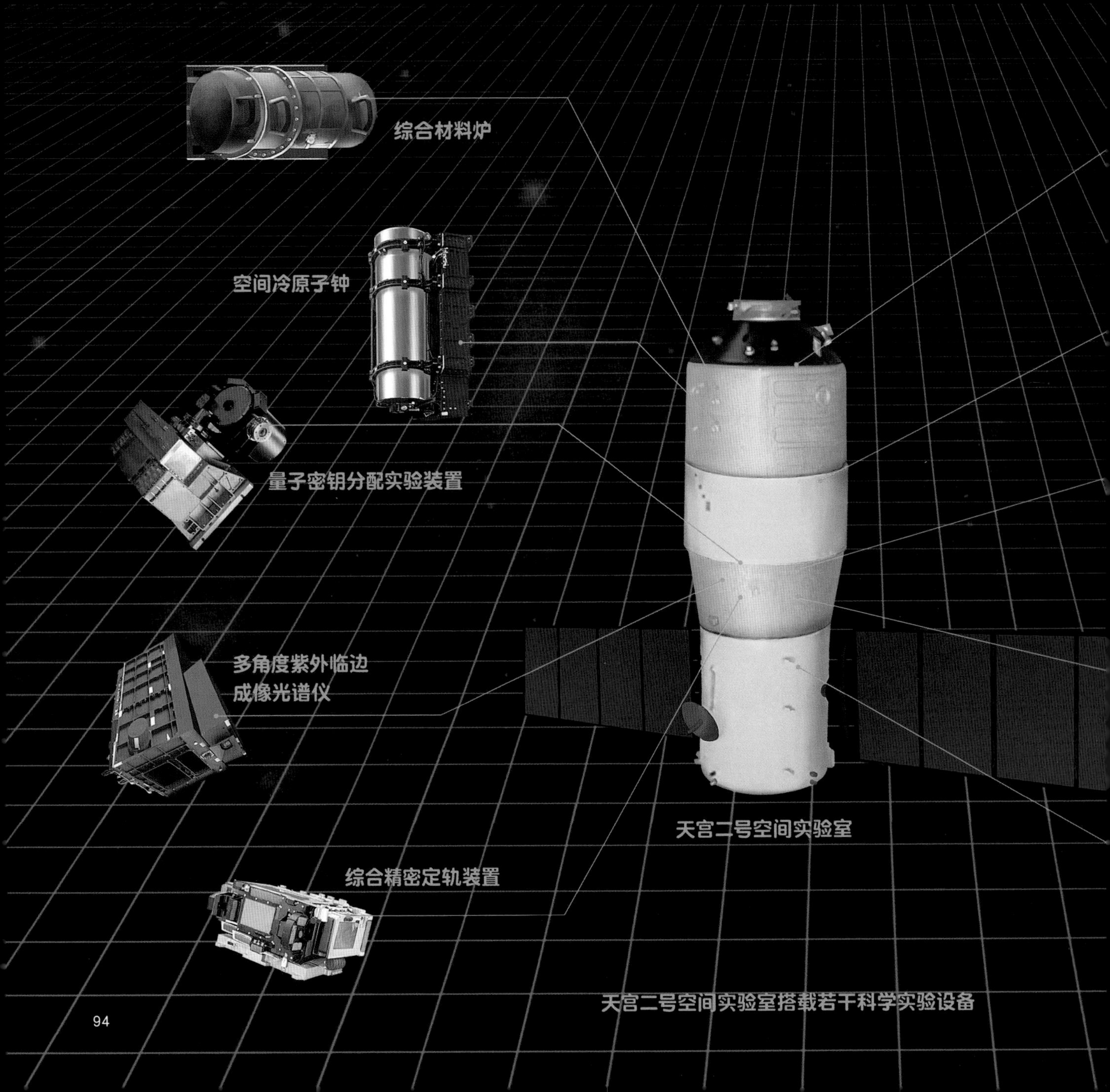

天宫二号空间实验室搭载若干科学实验设备

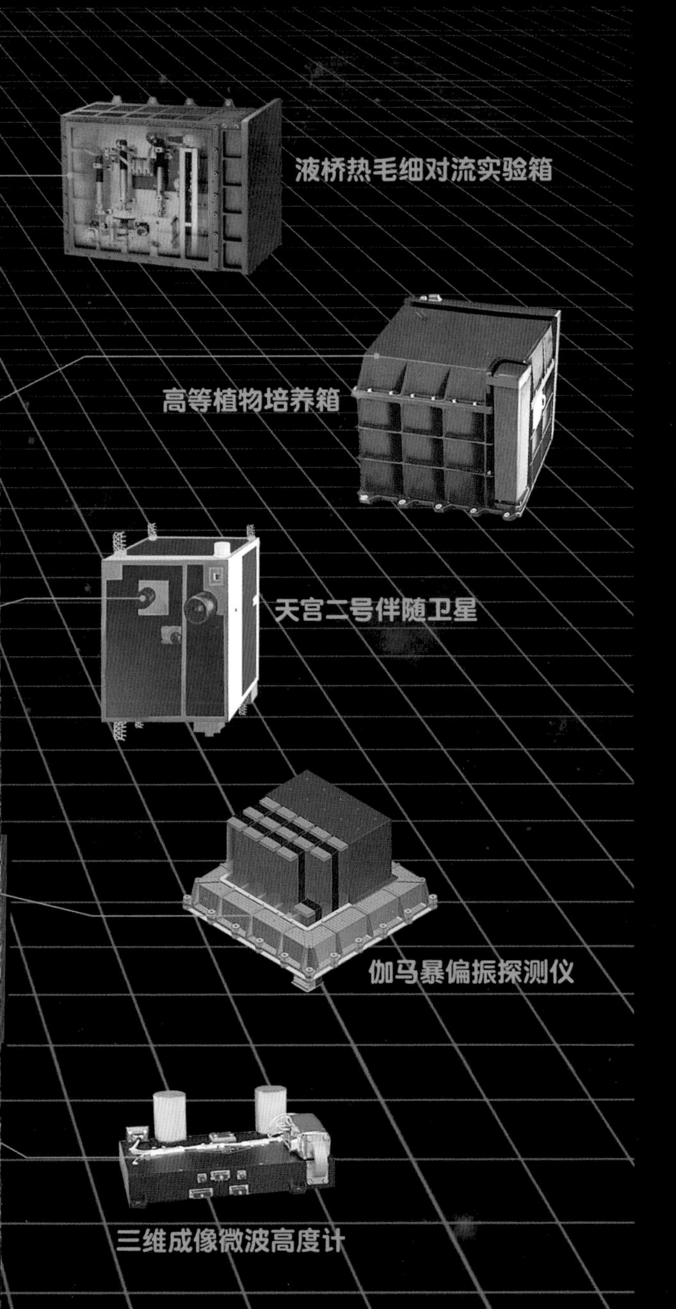

天宫二号空间实验室是我国首个真正意义上的空间实验室，它搭载了若干科学实验设备，将开展十余项高精尖实验。它们有的是在探索宇宙最深处的奥秘，有的是帮助人们更好地认识地球、海洋和大气，还有的是在解决将来长期驻留太空，以及深空探测时的食物问题。

“天神合体”的守护者：天宫二号伴随卫星
高等植物培养实验：怎么在太空种庄稼
高冷的授时大神：空间冷原子钟
液桥热毛细对流实验：用水滴在太空搭一座桥
量子密钥分配：怎样实现天机不可泄露
太空里的八卦炉：怎样炼出未来世界的英雄材料
宽波段成像光谱仪：带你从太空看大海
太空里的测海神针：三维成像微波高度计
捕捉生物大灭绝的疑凶：天极望远镜
空间环境分系统：航天员和航天器如何避险
默默无闻的领航员：综合精密定轨系统

“天神合体”的守护者

天宫二号伴随卫星

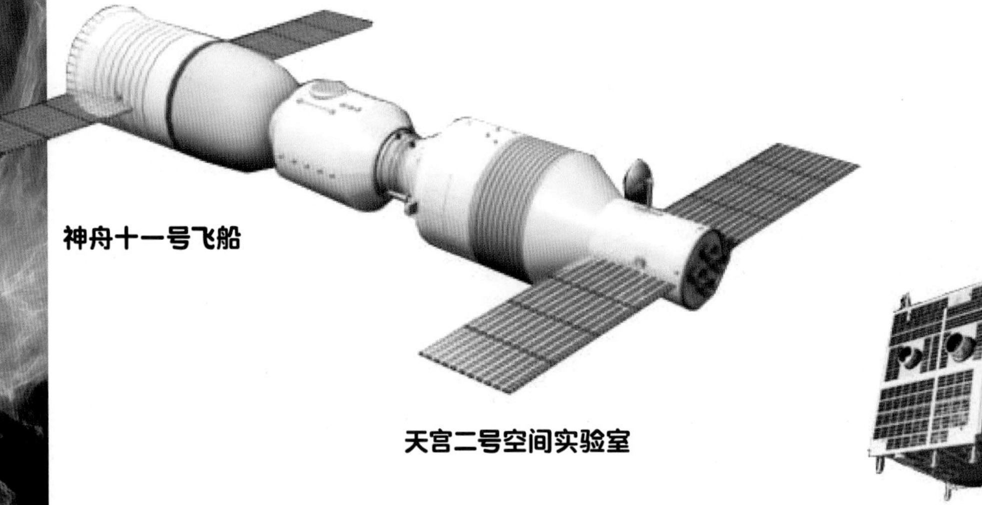

天宫二号伴随卫星

主讲人：申聪聪

北京航天飞行控制中心总体室助理工程师

天宫二号与神舟十一号载人飞行任务：天宫二号上行控制副主管设计师

天宫二号空间实验室和神舟十一号飞船组合体飞行期间，天宫二号空间实验室在预先设计好的轨道上释放了一颗伴随卫星。那么，问题来了，伴随卫星是什么呢？

第一，伴随卫星也是一种航天器，只不过它始终环绕着主航天器飞行，不仅实时跟随，而且始终飞行在距离主航天器很近的位置。

第二，和结构庞大、质量很大的主航天器相比，伴随卫星的结构很小，质量也很小。它不需要单独发射，通常是用弹簧机构的包带结构固定在主航天器的轨道舱顶部，和主航天器一起发射升空。

天宫二号伴随卫星示意图

进入太空以后，地面操作人员会按照计划遥控发出释放指令。主航天器收到释放指令以后，和伴随卫星相连的爆炸螺栓就会立即炸开，从而让固定伴随卫星的包带解锁。

接下来，弹簧机构就会把伴随卫星推出去。被推出去的伴随卫星首先会实现安全远离，之后又会通过轨道控制，实现逼近，也就是再次靠近主航天器，并且进入预先设定好的轨道，伴随主航天器飞行。

固定

解锁

推出

第三，作为主航天器的伴随卫星，具有距离主航天器近并且实时跟随的位置优势，它当然也就成了主航天器的安全卫士，可以对主航天器进行全天候的空间观测。

伴随卫星凭借它那双和孙悟空一样厉害的火眼金睛，可以发现各种危险，比如可以监测到对主航天器有潜在威胁的空间碎片。当然，它还可以为航天员出舱活动及空间飞行器交会对接等提供直接的技术支持。

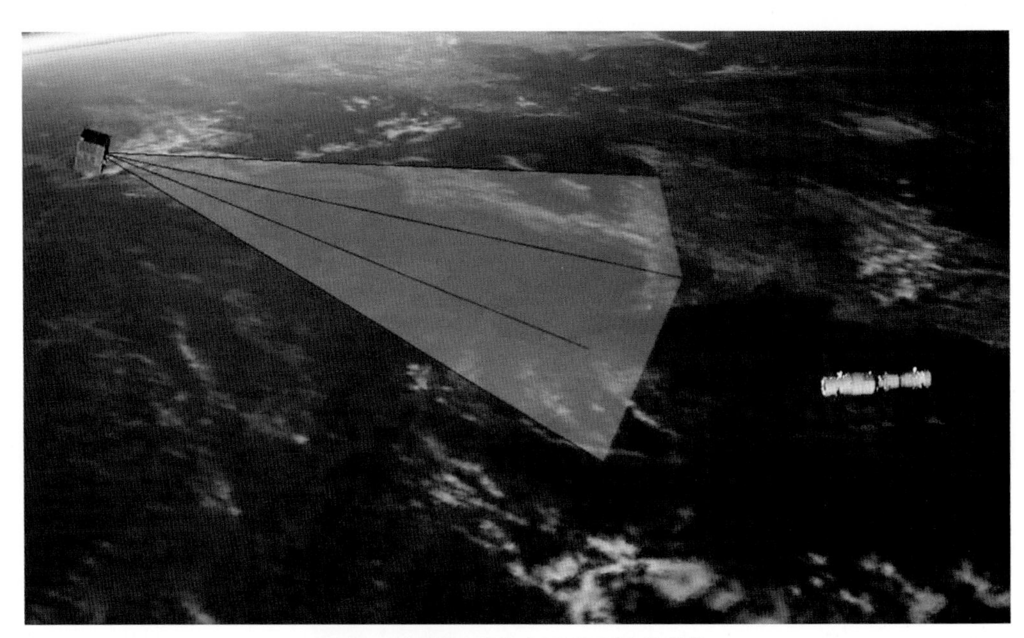

天宫二号伴随卫星守卫“天神合体”

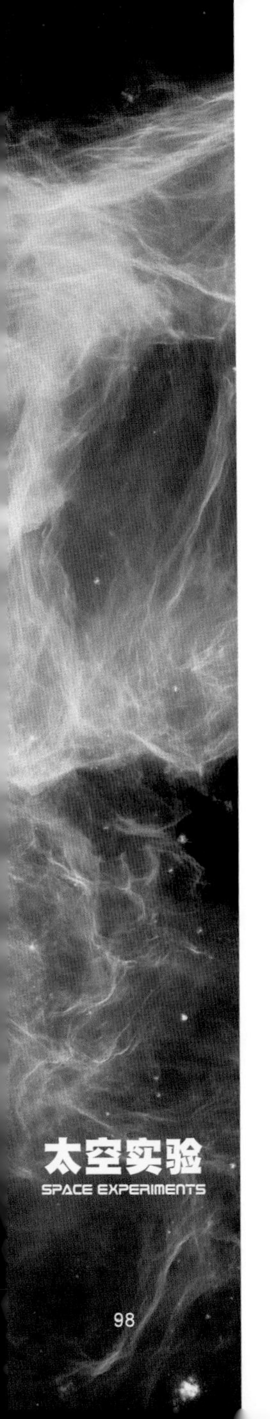

天宫二号伴随卫星（中国科学院微小卫星创新研究院研制）

天宫二号伴随卫星重约47千克，尺寸只相当于一台打印机的大小，不仅具备了开展空间任务的灵活性与机动性，而且能力非常强大。

它搭载了高分辨率、全画幅的可见光相机，将在空间绕飞实验中，对天宫二号空间实验室和神舟十一号飞船组合体进行高分辨率成像，堪称天宫二号空间实验室和神舟十一号飞船的自拍神器。

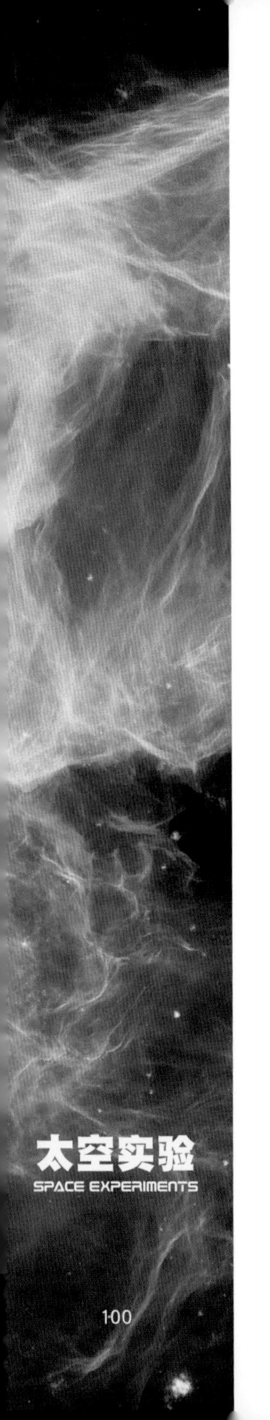

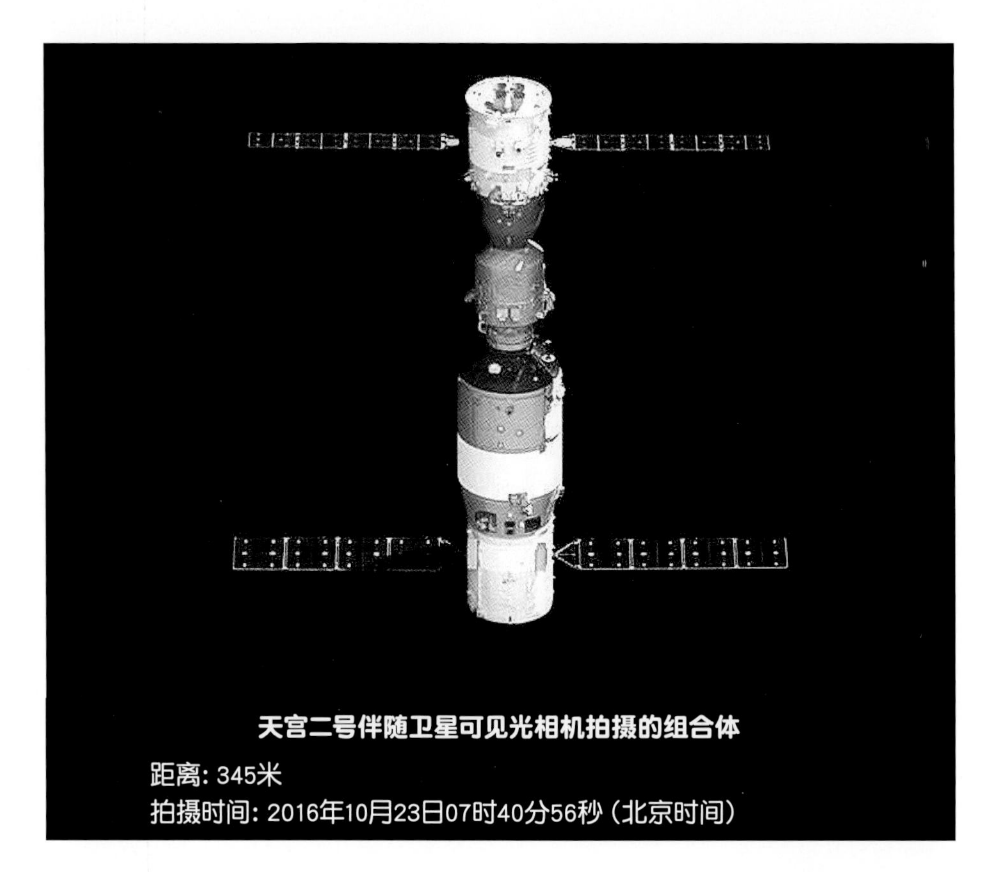

天宫二号伴随卫星可见光相机拍摄的组合体

距离：345米

拍摄时间：2016年10月23日07时40分56秒（北京时间）

当然，天宫二号伴随卫星的功能并不仅限于拍照，它还将配合空间站开展多平台间的协同实验，拓展空间应用。比如进一步验证小型高功能密度卫星在轨释放、驻留伴随飞行等重要技术，并为未来的新型航天器编队飞行奠定重要基础。

大家一定看过飞机在天空编队飞行吧。那么试想一下，未来某一天，在伴随卫星的帮助下，我们的新型航天器也将会在太空编队飞行，那种感觉一定很棒！

在未来，伴随卫星将会成为航天员可以操纵的机器人。

到了那个时候，人类的VR（虚拟现实）技术一定已经非常成熟了。我们的伴随卫星也就不仅仅是搭载可见光相机，而是搭载VR相机。有了VR相机的帮助，航天员就可以实现更加复杂的空间操作任务。

随着技术的进步，未来的伴随卫星甚至可以个人化，连社交网络都搬到太空。搬到太空有什么用呢？答案是实现个人的太空创意。伴随卫星灵活机动，可以发挥个人的太空创想，实现各种太空创意。

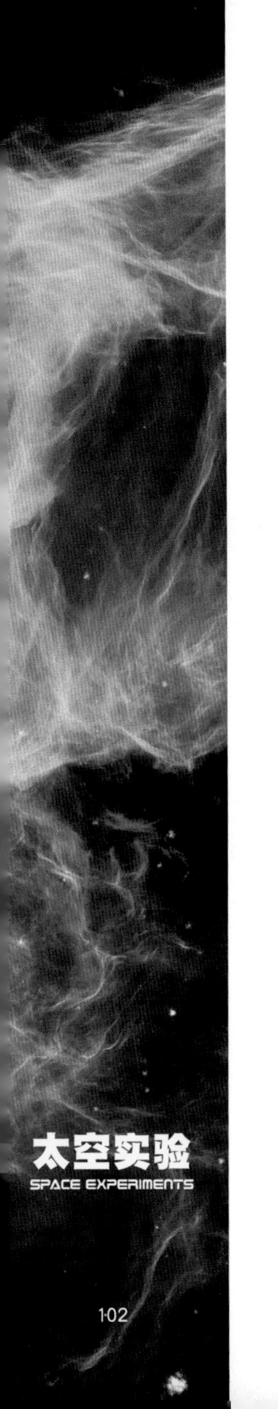

除了以上应用，伴随卫星在未来还有什么厉害的用途呢？

我们相信，答案一定数不胜数。不过我们说的都是单颗伴随卫星的用途，有没有可能多颗伴随卫星一起出现在主航天器周围呢？

当然有可能，而且一定会。在未来，主航天器可以释放多颗伴随卫星，这些伴随卫星将会组成一个网络，从而实现多星协同工作，完成一颗伴随卫星无法单独实施的应用任务，大大地提高主航天器的应用效率，促进空间新技术的发展和应用。

航天员入门考题

天宫二号空间实验室在轨释放伴随卫星以后，伴随卫星为什么要先实现安全远离，然后再逼近天宫二号空间实验室呢？

| 考题答案 |

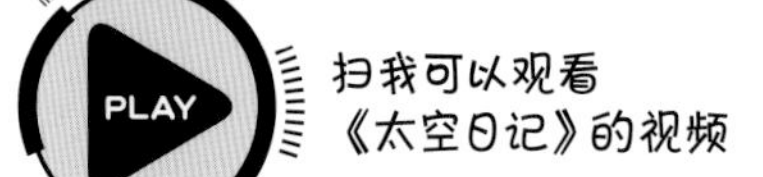

高等植物培养实验

怎么在太空种庄稼

主讲人：朱峰登

北京航天飞行控制中心总体室助理工程师

天宫二号与神舟十一号载人飞行任务：神舟十一号上行控制主管设计师

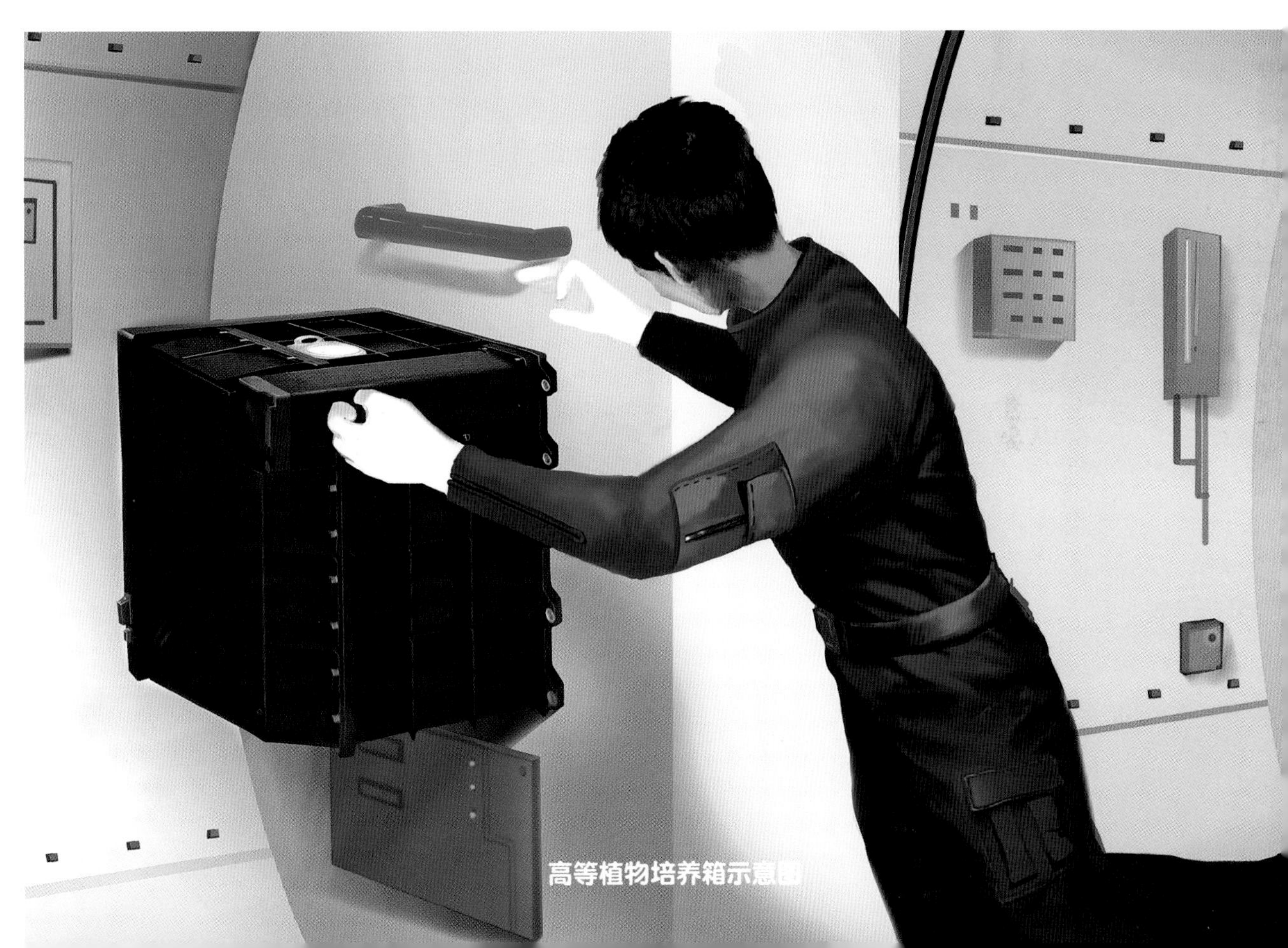

高等植物培养箱示意图

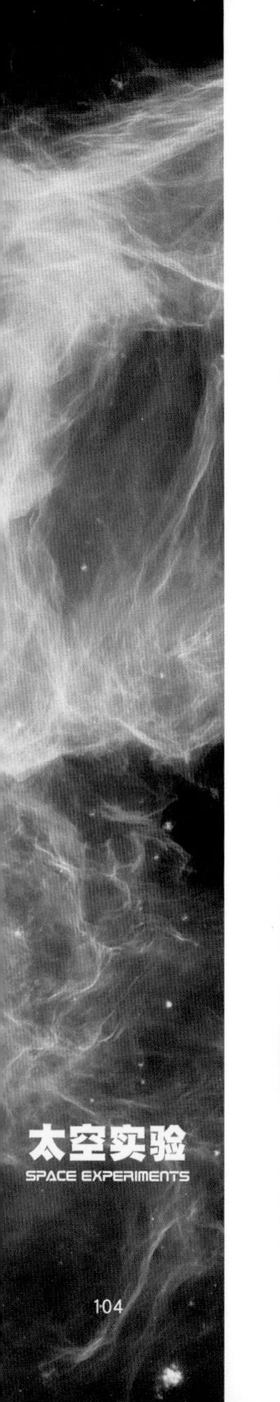

随着航天技术的发展，人类已经实现了飞出地球的梦想，在太空中工作和生活不再遥不可及。但在未来，我们如果要在太空长期驻留或者进行类似星际航行的太空活动，仍然面临着不少问题，其中之一就是食物的供应。

说到食物，我们总不能把食物一批一批送到太空吧？当然不行。因为把食物从地球一批接一批地送到太空，不仅要耗费海量的资源，而且也不能支持星际航行这类太空活动。

在电影《火星救援》里，主人公就是在火星基地种植土豆，才让自己活了下来，最终重回地球。

所以，从长远来看，我们必须具备在太空自给自足的能力。为了拥有这项能力，我们才需要在天宫二号空间实验室进行高等植物培养实验，也就是在太空种庄稼。我们需要知道，地球上的绿色植物是否可以在太空环境中正常生长，从而为人类提供食物补给。

在这次天宫二号与神舟十一号载人飞行任务中，天宫二号空间实验室携带了两种具有不同生长特性的植物——拟南芥和水稻。航天员将会在返回的时候再把它们带回地球。

拟南芥

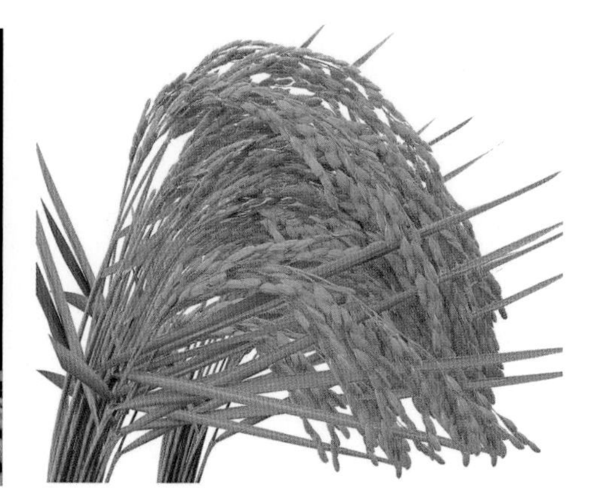

水 稻

航天员在天宫二号空间实验室驻留期间，将会观察这两种植物的萌芽、生长、开花以及结籽的全过程，全面了解太空对植物生长的影响。

尽管我们国家已经在太空进行了多次植物生长试验，但是要在太空里成功地实现粮食与蔬菜的生产，为航天员长期在太空生活提供食物来源，还是很难的。

在太空里种庄稼到底难在哪里

很多人可能会觉得种庄稼嘛，不会有太多难处，可在太空就没有那么简单了。

我们想一想，当我们人脱离地球，进入太空，立刻就会有各种各样需要适应的情况出现，比如失重环境。

航天员所处的失重环境并不是完全没有重力。在距离地球393千米高度的天宫二号空间实验室里，航天员同样也会感受到重力的存在，只不过稍微小了一些。

失重环境示意图

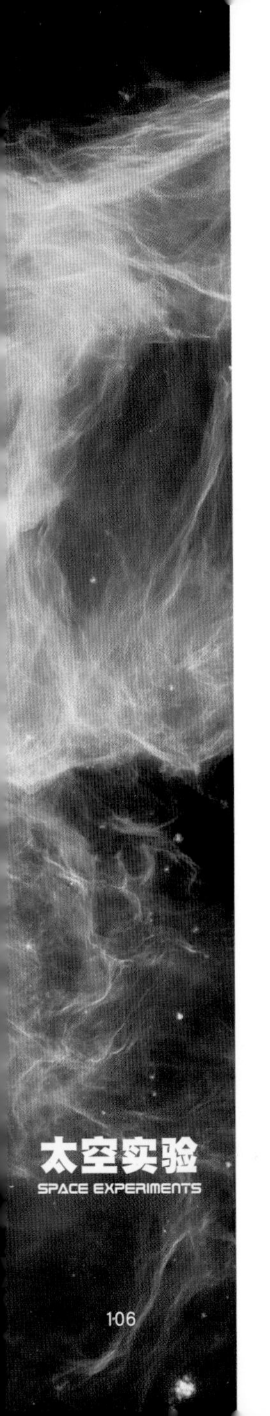

在太空失重环境里，没有被固定的物体会飘起来，人当然也是一样的，只不过人是活体，所以受到的影响更大。

比如人类内耳中负责感知身体平衡的液体会四处漂浮，这就会给人造成定向障碍，分不清上下左右。当然，不仅仅是感知身体平衡的液体，人身体里所有的液体（包括血液）都会漂浮，这就会导致人的身体浮肿。航天员在太空中看着要比在地面的时候胖，就是因为这个原因。

再比如，在太空失重环境下，人的心脏也处于失重状态，开始变“懒”，逐渐萎缩。心脏多么重要啊，它可是推动血液流动的重要器官。如果它开始萎缩，心脏无法正常供血，人就会变得脸色苍白、身体虚弱。

除此之外，在太空微重力环境下生活，人体的免疫系统、骨骼、肌肉等都会受到影响。

我们上面列举的几个例子，也正是航天员要在太空坚持每天锻炼身体的原因。

现在，我们换一下，把人换成要在太空培育的高等植物。它们当然也可能会受到相应的影响，面临相应的问题。更何况重力对植物的生长非常重要，它参与调控了植物几乎全部的生命过程，比如种子萌芽后叶片的展开和闭合、植物分枝和细根的发育，乃至开花、传播花粉等。

所以，在太空种庄稼是一件很困难的事情。也只有经过实验，我们才会知道植物原本赖以生存的重力环境被打破以后，到底会发生什么。

为什么会选择拟南芥

大家一定也会好奇，有那么多的植物，我们为什么一定要挑选拟南芥和水稻呢？

拟南芥的生长发育过程

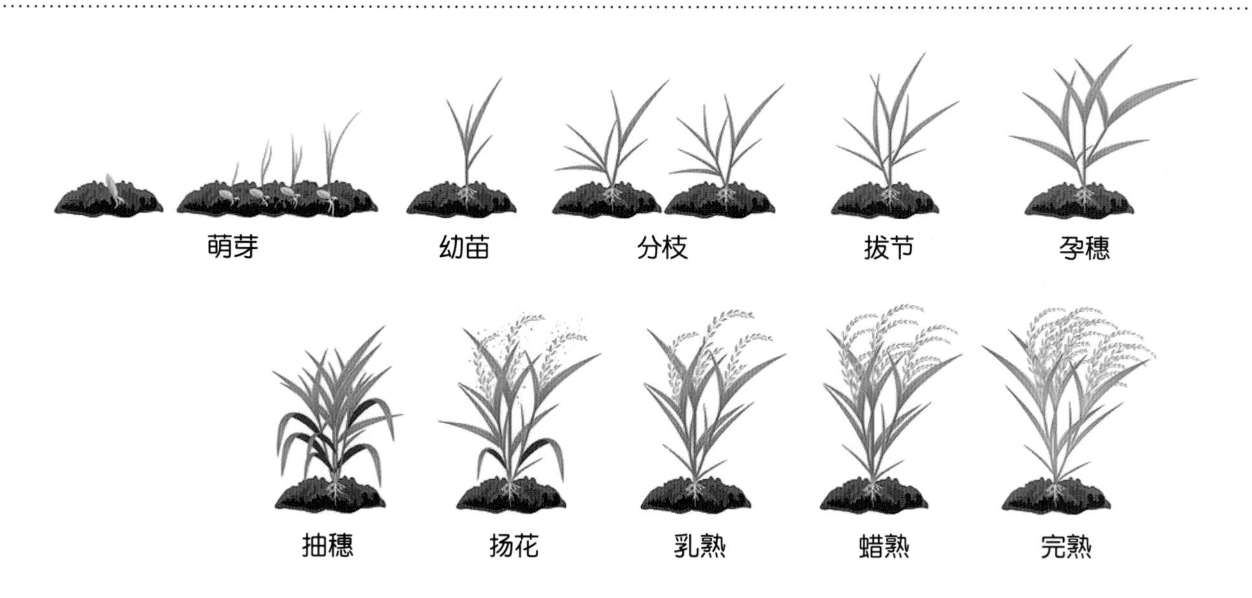

水稻的生长发育过程

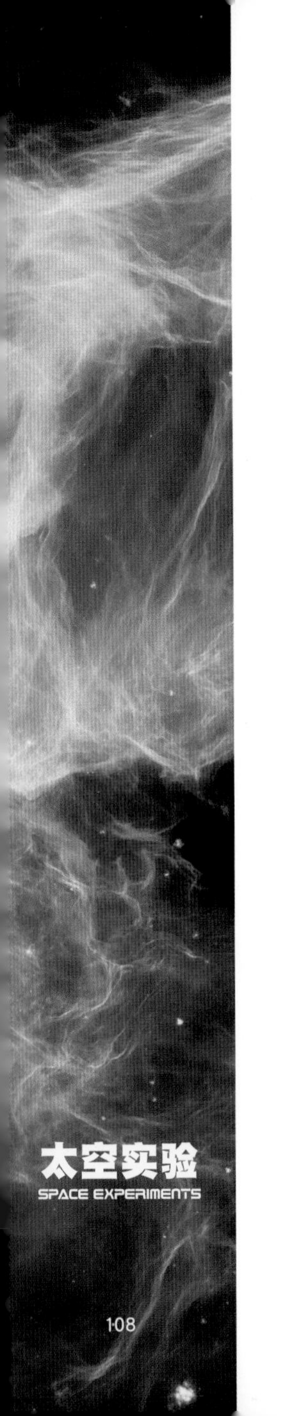

我们先介绍为什么要选择拟南芥。

◎ **原因一**

拟南芥是一种长日照植物。什么叫长日照植物呢？就拿拟南芥来说吧，一般情况下，拟南芥每天至少需要12小时的太阳光照才会开花。如果它受到光照的时间少于12小时，它就不会开花。

◎ **原因二**

拟南芥发育快，生长周期短，而且个体小。个体小的好处不仅是可以大量培养，而且方便在解剖镜等科学设备下观察细节。

◎ **原因三**

拟南芥是模式生物，它在植物研究里的作用就好比动物研究里的小白鼠，对它进行研究，具有很多普遍性的价值。而且，我们国内的科学家已经非常透彻地了解了拟南芥的基因表达。因此可以更好地对地面培养与太空培养的差异进行比较。一旦拟南芥在太空培养的过程中发生任何异动，比如变异，我们的科学家就会准确发现，从而可以对它有更加深入、透彻的了解。这样也就能从侧面了解到，失重到底对植物有什么样的影响。

为什么会选择水稻

◎ **原因一**

水稻是一种短日照植物。什么是短日照植物呢？和介绍拟南芥的时候说的“长日照植物”正好相反，太阳光照的时间一定要短于一定时间，植物才会开花。这样，一种是长日照植物，一种是短日照植物，科学家们就可以进行实验对比。

◎ 原因二

水稻是世界上最重要的粮食作物之一，全世界有近一半的人以水稻产出的大米作为主食。所以在天宫二号空间实验室种植水稻具有非常重大的科研价值。

有小伙伴一定会好奇，小麦也是很重要的粮食作物，尤其在中国北方，小麦产出的面粉才是真正的主食，为什么不带小麦上太空呢？

原因之一就是因为小麦是长日照作物，而拟南芥也是长日照作物。科学家们选定拟南芥以后，当然也就希望选择一种具有对比性的短日照作物。所以，小麦遗憾出局。

不过，在未来，小麦一定会有机会的，也一定会有更多的植物不断被带入太空。直到有一天，我们可以完全掌握太空植物栽培技术。

那个时候，我们也许就能在太空里铺开万亩良田，让我们在未来的太空生活以及深空探索中能够自给自足，实现数百天，甚至经年累月的太空生活目标。

太空里的拟南芥和水稻会被种在哪里

筹备天宫二号空间实验室高等植物培养实验的科学家专门为拟南芥和水稻准备了一个太空迷你温室——高等植物培养箱。

这个培养箱是我们中国科学院的科学家们专门为拟南芥和水稻准备的生长环境。拟南芥和水稻种子在休眠状态下乘坐培养箱，随天宫二号空间实验室一起进入太空。

在实验过程中，地球上的工作人员会对天宫二号空间实验室里的培养箱进行适应性调试，以保障拟南芥和水稻能够正常生长。

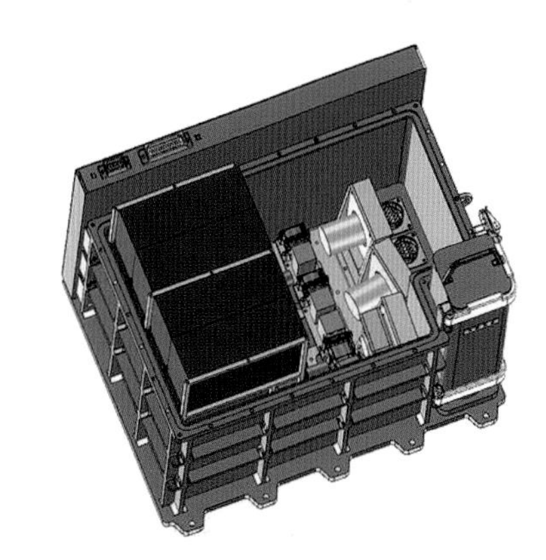

高等植物培养箱

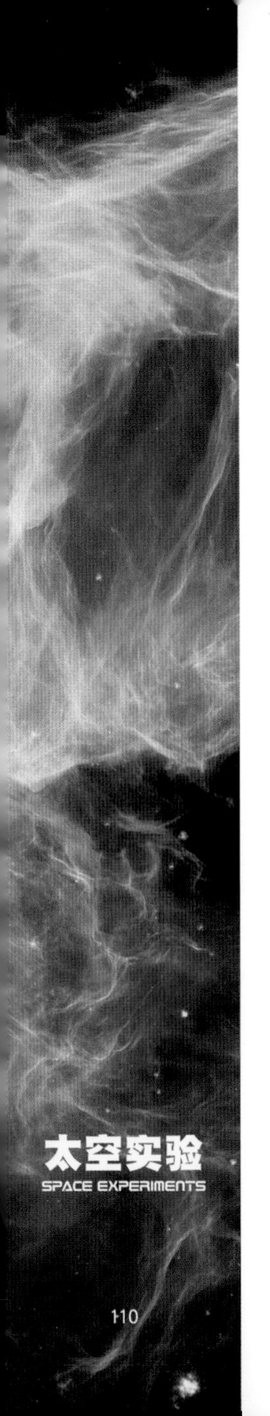

高等植物培养箱神奇在哪里

◎ 遥控休眠的种子萌发并全程直播

作为本次太空旅行的乘客，水稻和拟南芥的种子被放进高等植物培养箱里的时候，是处于休眠状态的。这个时候，对种子们来说，高等植物培养箱就像一个舒适而温暖的“保暖箱”。它们在“保暖箱”里睡了一觉，就随着实验室被送进太空。

等到了太空，种子们也该苏醒了。科学家们会在地面，通过遥控指挥启动高等植物培养箱，让休眠的种子开始萌发。

种子发芽以后，科学家们会遥控高等植物培养箱，通过控制培养箱的温度、湿度、光照和营养供给等，为种子们的生长发育提供适合的环境。

当然了，仅仅控制种子萌发还不够，科学家们还要借助培养箱配置的相机等部件，对植物的生长发育进行全程直播。这样就可以记录下图像、温度变化等数据，再下传到地面，供植物学家们开展比对分析，研究植物在太空微重力环境中的生长问题。

航天员入门考题

什么是种子休眠呢？

| 考题答案 |

中科院空间应用工程与技术中心的科研人员展示从太空返回并开花的拟南芥

2016年11月18日，神舟十一号飞船返回舱携带的高等植物培养箱返回单元顺利回收并运抵北京。

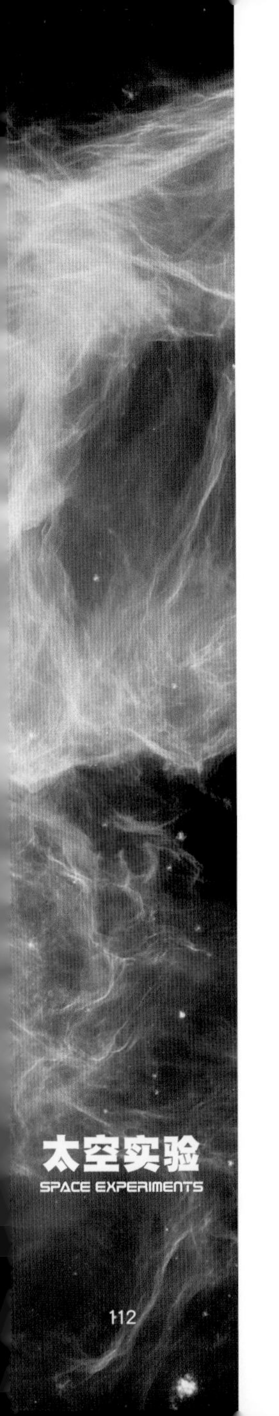

◎ 提供安全高效的水循环

提供安全、高效的水循环是高等植物培养箱另一个神奇的地方。

小朋友们看到“高等植物培养箱结构示意图”中的蓝色空间了吗？那里就是种子萌芽以后的生长空间，被科学家们称为“生长盒”。

这种生长盒是用透明的材料做成的，光源就从生长盒的顶部照射下去。同时，在生长盒上贴着一种名叫“透气膜”的东西。它的作用是让培养箱里的气体和生长盒里的气体进行交换，而且还能保证生长盒里的液态水不会通过透气膜流失掉。这样就能留住植物生长过程中所需要的水分。

但是，植物在蒸腾作用下，水分会从叶子表面，以水蒸气状态散失到外面。

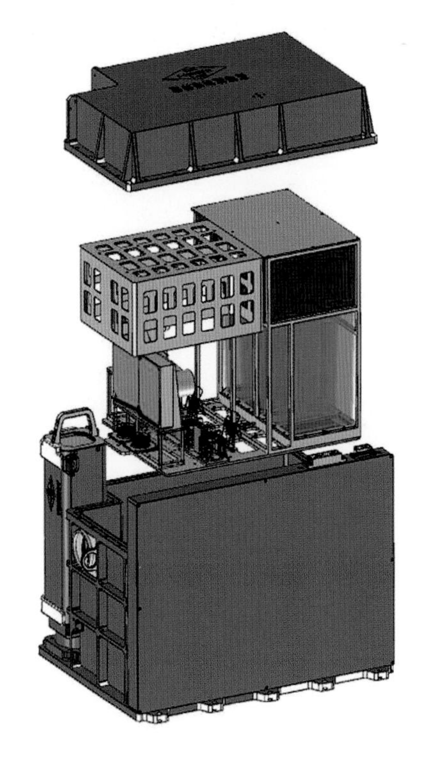

高等植物培养箱结构示意图

正常情况下，蒸腾作用产生的水蒸气会再凝结成水分回到土壤中。可是，在太空微重力环境下，这些水蒸气不会凝结，而是会附着在塑料生长盒的侧面。这会给实验带来什么影响呢？

首先，附着在塑料生长盒侧面的水蒸气就像放大镜一样，会让照射进生长盒的光温度升高，这就会给植物生长带来威胁。

其次，盒子侧面有水蒸气，还会影响相机从盒子外面进行拍摄。

那么，该怎么办呢？

科学家们为了解决这两个问题，特意增加了一个“冷凝区”的设计，使水汽冷凝，并重新回到生长盒里。这样，就实现了太空密闭环境下的水循环，提高了水的利用率，还避免了水汽可能产生的不良影响，既高效又安全。

◎ 追踪植物的基因信息

高等植物培养箱里安装了一台微型荧光相机，它可以非常高效地追踪到植物成长过程中释放出的基因信息，为植物学家开展太空高等植物培养实验提供更加丰富的研究资料。

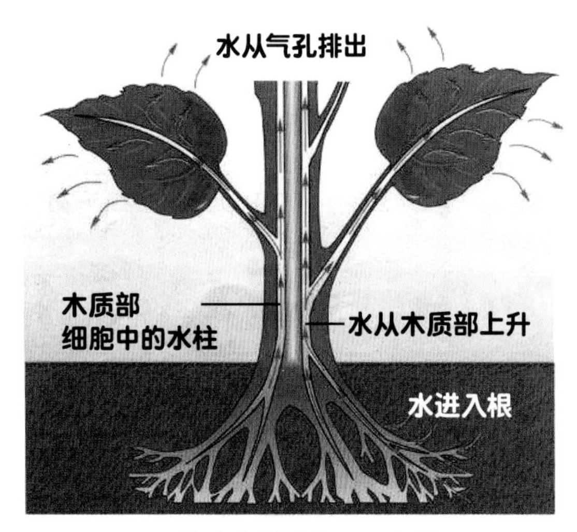

植物的蒸腾作用示意图

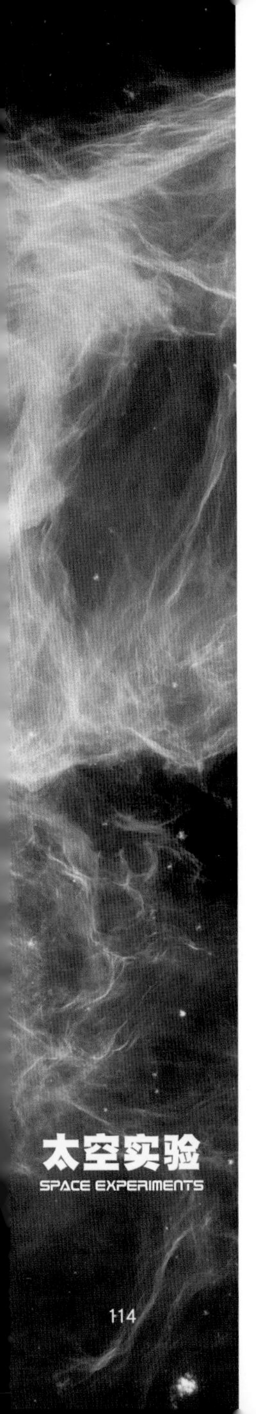

高冷的授时大神

空间冷原子钟

主讲人：朱峰登

北京航天飞行控制中心总体室助理工程师

天宫二号与神舟十一号载人飞行任务：神舟十一号上行控制主管设计师

在天宫二号空间实验室里有一台超高精度空间冷原子钟，科学家们给它取了个外号——授时大神。

作为授时大神，空间冷原子钟是一台什么“钟”呢？

首先，它是用来测量时间的。

其次，它和我们想象中那种有机械齿轮的钟表不太一样，它连表针都没有，而且它还有两大特点：高和冷。

高，是指它远离地球，远离我们的引力场。在距离地球393千米的天宫二号空间实验室上，空间冷原子钟基本处于失重状态，受地球引力的干扰比较少。在这种情况下，它对时间的测量能够更精准。

冷，是指冷却的原子。怎么冷却原子呢？用激光。可以冷到什么程度呢？冷到绝对温度的百万分之一以下（近乎绝对零度）。不过就像我们永远达不到光速一样，冷原子也达不到绝对零度。冷的好处是减少原子运动，使它对时间的测量更加精准。

空间冷原子钟对时间的测量到底有多准

拥有超高精度的空间冷原子钟能做到3000万年才会有1秒的误差。

那么，为什么要这么精准呢？

我们日常生活中使用的很多电器，以及现在的天地通信卫星和导航卫星等，它们对现在的天地时差精准度的要求是非常高的。

我们的科学家不断探索，不断让我们的时钟精度提高，事实上就是为了让我们的信息化生活更加便利，让我们使用的这些设备性能更加优异。

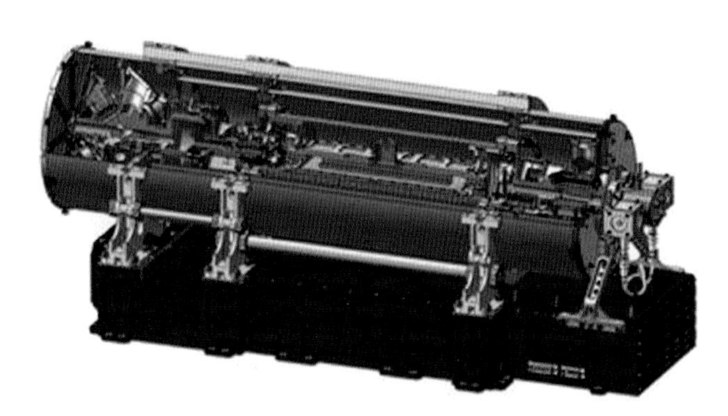

空间冷原子钟结构示意图

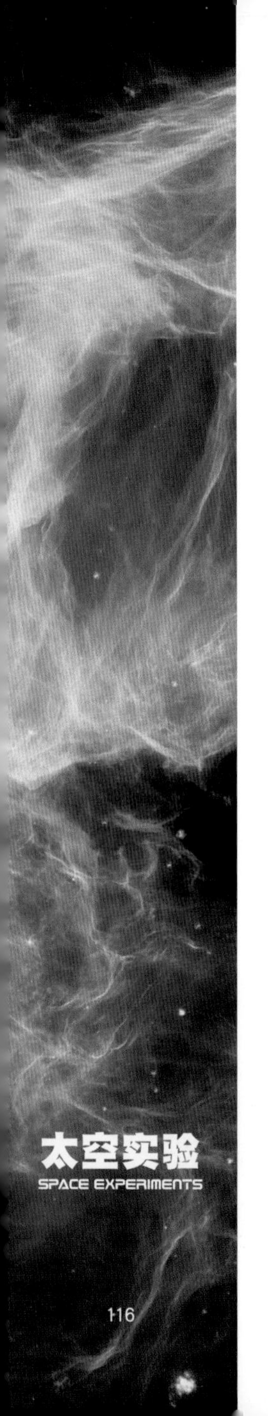

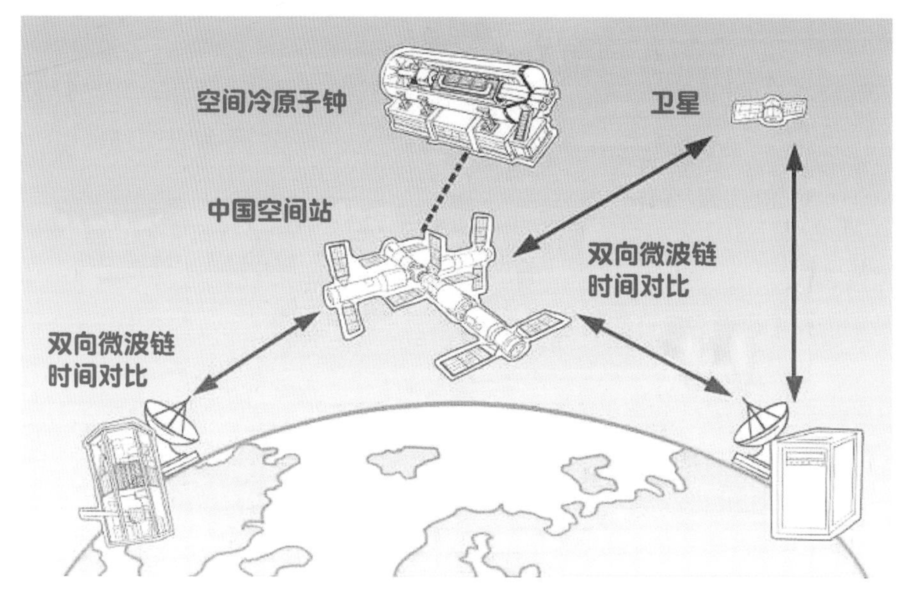

空间冷原子钟的应用

天宫二号空间实验室搭载的空间冷原子钟可以带来什么好处

简单来说，在天上飞行的卫星和地球的时差（简称天地之间的时差），因为各种各样的原因，总是校不准的。

如果我们在天上有一个统一的授时装置，能够对天上所有的卫星进行统一授时，而同时精准度又非常高的话，我们就只需要让地面的时间和天上这台空间冷原子钟的时间保持一个非常高的精准度，这样天地之间的时差就会降到一个很低很低的范围。

降低天地之间的时差有什么作用呢？以全球卫星导航系统为例。由于空间冷原子钟可以在太空中对其他卫星上的星载原子钟进行无干扰的时间信号传递和校准，从而避免大气和电离层多变状态的影响，使用空间冷原子钟授时的全球卫星导航系统就能有更加精确和稳定的运行能力。

冷原子钟以前，人类怎样记录时间

◎ 自然钟

在很久很久以前，我们的祖先只能通过天体有规律的运动来记录时间。他们日出而作，日落而息，通过观察自然现象，比如太阳相对人的位置等模糊地记录时间，这样记录时间的方式被称为自然钟。

日晷

◎ 日晷

随着人类社会的进步，人们发现可以利用太阳投射在物体上的影子来测定并划分时刻。这就有了古代最早报“标准时间”的仪器——日晷。

日晷的意思是太阳的影子。它由晷盘和晷针组成，晷盘是一个有刻度的盘；在晷盘的中央，有一根和盘面垂直的晷针。太阳照射到晷针，晷针的影子就会落在晷盘上，随着太阳运动，晷针的影子也会在晷盘上移动。古人就是通过这种方法来记录时间的。

水漏壶

◎ 水钟

日晷出现以后，人们发明了新的计时工具——水钟，利用滴水的多少来计量时间。

水钟也叫水漏壶，最早是由埃及人发明的，在公元前6世纪传入中国。有趣的是，古希腊伟大的哲学家柏拉图是第一个利用水漏壶制成闹钟的人。他把水漏壶下面的圆筒挂起来，让这个圆筒可以旋转，过一定的时间，圆筒会翻倒，

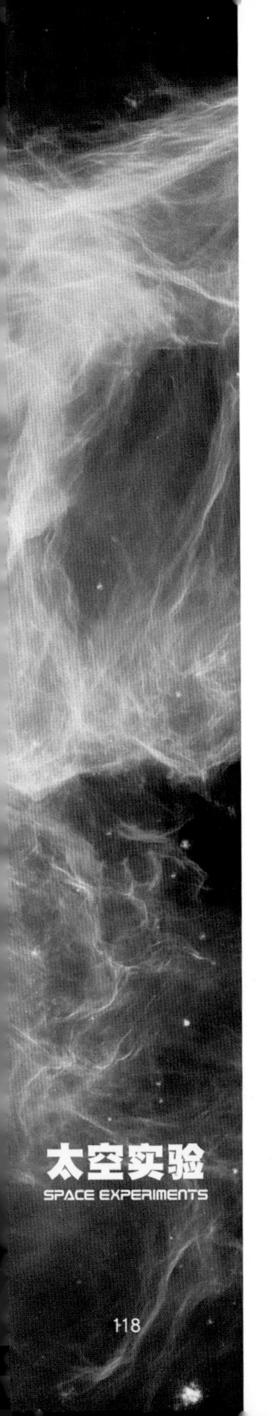

把水倒出来，水会流进一个哨管，哨管在水流的冲击下会发出吱吱的声音，于是就成了闹钟。

◎ 沙漏

水漏壶出现以后，因为不便利，逐渐被一种新的计时工具取代。这种计时工具叫沙漏，也叫沙时钟。

沙漏

◎ 天文钟

天文钟既能表示天文学信息，又能计时。

世界上最早的天文钟是北宋刑部尚书苏颂和韩公廉制造的水运仪象台。

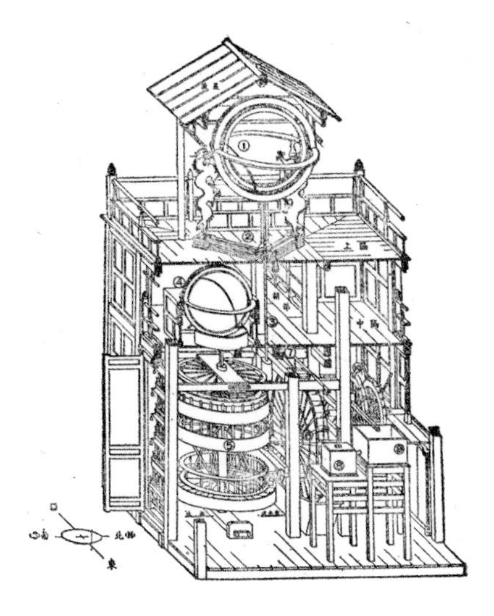

水运仪象台

◎ 摆钟

1637年，意大利著名的物理学家和天文学家伽利略发现，相同长度的钟摆完成每次摆动花去的时间是相同的。

根据这个原理，荷兰物理学家和天文学家克里斯蒂安·惠更斯在1657年发明了用钟摆驱动，并且走时准确的钟，也就是摆钟。

17世纪60年代，一台运行良好的摆钟一天的误差只有15秒，而同时期非摆钟的钟表运行一天则有15分钟的误差。

◎ 石英钟

从20世纪30年代开始，随着晶体振荡器的发明，石英晶体钟表逐渐进入人们的生活。直到现在，人们日常生活中所使用的主要计时装置，仍然是石英晶体钟表。

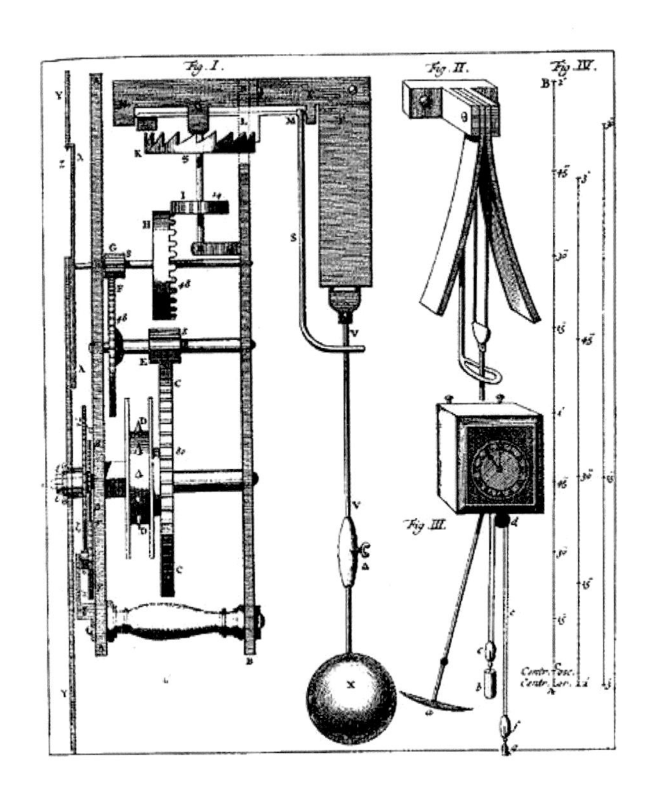

克里斯蒂安·惠更斯设计的摆钟结构示意图

石英表

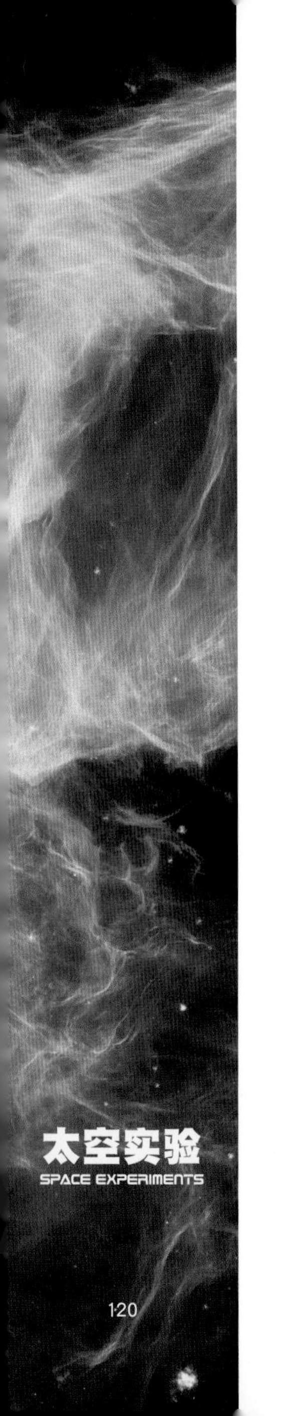

◎ 原子钟

20世纪40年代开始，科学家们利用原子发明出比石英钟计时更精准的原子钟。

自从有了原子钟，人类计时的精度飞速发展，20世纪末达到了每300万年有1秒误差的水平。在此基础上建立的全球定位导航系统（例如美国的GPS），覆盖了整个地球98%的表面，将原子钟的信号广泛应用到人类活动的各个领域。

2016年，中国的科学家们经过近10年的艰苦努力，将激光冷却原子技术与空间微重力环境相结合，成功研制出中国第一台空间冷原子钟，并且成为国际上第一台在轨进行科学实验的空间冷原子钟。

空间冷原子钟

航天员入门考题

石英表大约10天会产生1秒的误差，氢原子钟每100万年会有1秒的误差，请问机械表大约多少天就会有1秒的误差呢？

| 考题答案 |

航天员入门考题

18

人类使用日晷的历史非常久远，古巴比伦在6000年前的远古时期就已经开始使用了，那么中国是在什么时候开始使用日晷的呢？

| 考题答案 |

扫我可以观看《太空日记》的视频

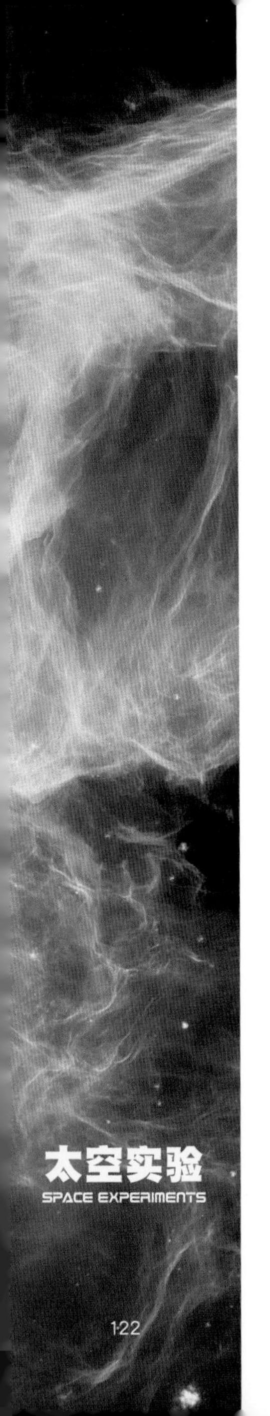

液桥热毛细对流实验

用水滴在太空搭一座桥

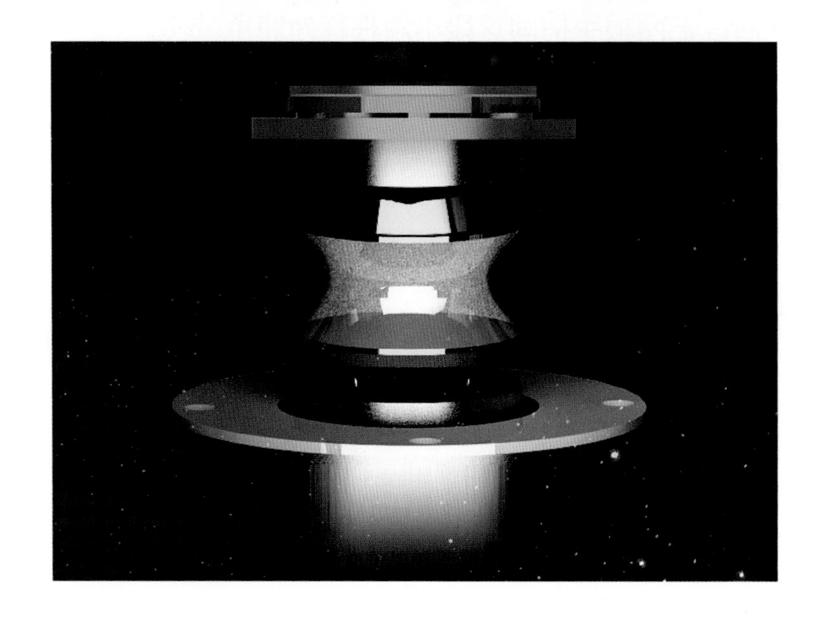

主讲人：朱峰登

北京航天飞行控制中心总体室助理工程师

天宫二号与神舟十一号载人飞行任务：神舟十一号上行控制主管设计师

液桥是座什么桥

说到桥，我们马上就能想到很多，比如土筑的土桥、石砌的石桥、木制的木桥、绳拉的索桥、钢架的钢桥等。可是，有人见过用水滴搭的液桥吗？

答案其实是肯定的。

大家有没有试过在两根手指间滴上一滴水，然后把手指微微、微微拉开，我们会发现，这滴水在两根手指中间形成了一段非常非常短的小液柱，这就是液桥。

我们之所以把两根手指间这段小液柱称为液桥，是因为“桥”字有连接两地的含义。这段小液柱不就连接着两根手指吗？

那么，我们现在就可以给液桥一个定义。液桥就是连接着两个固体的一段液体。

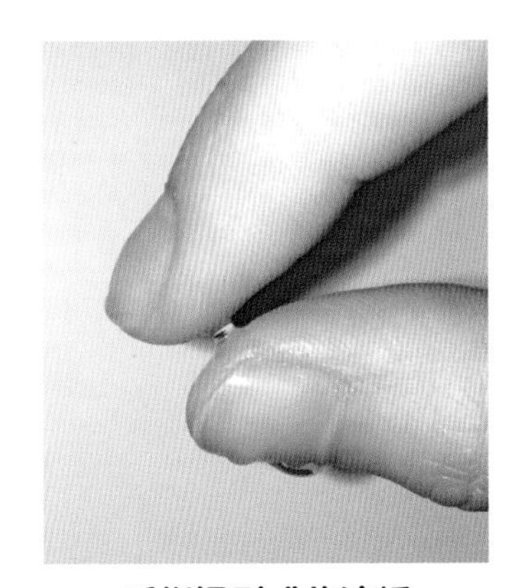

手指间形成的液桥

液桥是怎么形成的

我们在桌上滴一滴水，然后凑近仔细观察就会发现，水滴表面好像被一层很薄的弹性薄膜包住，使得水滴表面是弧形的，而不是水平的。

正是这样一层“虚拟”的薄膜，使得水滴的表面形貌得以维持。液桥之所以不会“垮塌”也是因为这层薄膜。

水滴

为什么在水滴表面会有这层薄膜

这是因为水滴的表面经受着“冰火两重天”的张力。它一面紧贴着水滴内部的液体，一面紧贴着空气里的气体，于是这个“气—液界面”之间就存在着表面张力。

现在，大家明白了吧？液桥之所以能够形成，正是因为“气—液界面”之间存在着表面张力。

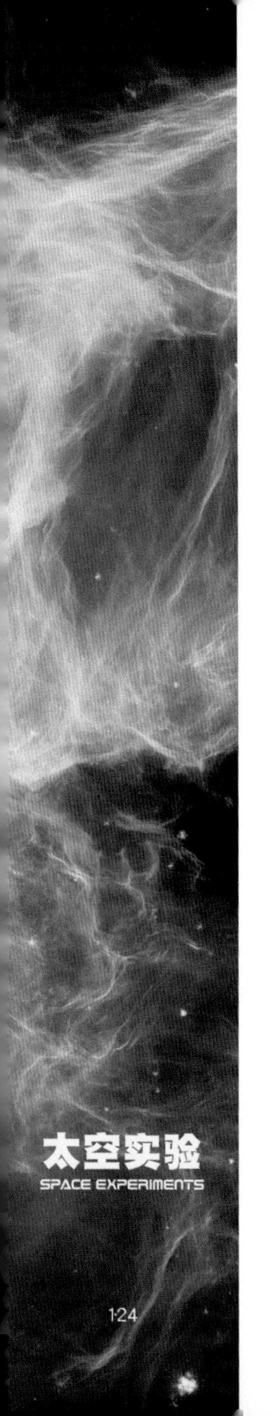

液桥有什么作用

在正常的重力环境下，液桥的尺寸通常只有几毫米，但却不能小看它的作用。可这么小的液桥能有什么用呢？

简单举一个例子：玩沙子。

大家如果用手捏一把干燥的细沙，松手还是散沙。可如果在沙子中掺点儿水，就可以捏出各种形状的沙团。

为什么干燥的沙子和掺了水的沙子会有这么大的差异呢？

这是因为干燥的散沙加入水后，水在沙子颗粒之间形成了液桥，使散沙能聚集起来。

液桥

为什么要在空间实验室里进行液桥的实验

也许，我们大家会觉得液桥不足为奇，但其实它是我们“太空微重力流体力学研究”中一个非常重要的课题。

在地面上，浮力对流是自然对流的主要形式，流体受热膨胀后，就会往上浮；而流体冷却缩小后，就会下沉，自然对流就形成了。

从开水壶里的流动到大气环流，都是浮力对流原理的体现。

产生浮力对流的根本原因是地球重力作用，所以在空间微重力环境下，浮力对流就会消失，热毛细对流变成自然对流的主要形式。

浮力对流过程示意图

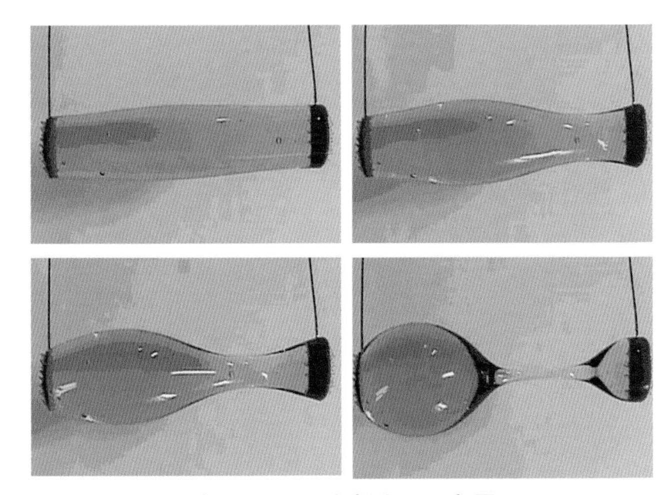

液桥热毛细对流过程示意图

什么是热毛细对流

液体表面张力会随着温度变化而产生变化，温度高的地方表面张力低，温度低的地方表面张力高。当液桥两端的温度不一样，一端热一端冷的时候，表面张力就会不均匀，液桥就会产生流动。又因为表面张力还有个名字叫毛细力，所以这种表面张力温度效应驱动的流动，又称为热毛细对流。

科学家们曾经忽视了热毛细对流。他们以为“只要没有重力，对流就会消失”，所以就觉得太空中将是理想的无对流环境。如果在这种环境中制造高纯度晶体，将会得到高纯度的单晶。单晶有什么用呢？简单来说，有了高纯度的单晶，就可以生产出更加厉害的电子设备。

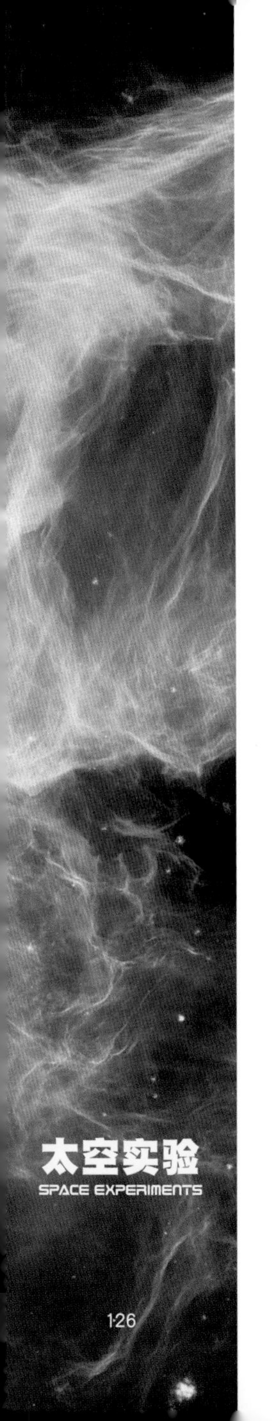

生产计算机芯片的单晶

但是，科学家们专门在国际空间站和探空火箭上开展晶体生长实验发现，结果和地面类似，还是有条纹缺陷。

最后，科学家们发现，在微重力环境下，虽然浮力对流消失了，但是在地面上名不见经传的热毛细对流却起作用了，变成了专搞破坏的“熊孩子”。

更不可思议的是，这种热毛细对流还会出现温度的振荡。大家想一想，当晶体正在生长的过程中，温度却忽冷忽热，不出现条纹才怪。

可是液桥为什么会出现振荡，科学家们还没有完全掌握。所以我国科学家一直以来都期待着能在空间微重力环境下进行实验，从而揭开热毛细对流的神秘面纱。

现在，大家一定明白为什么要在天宫二号空间实验室里进行这项实验了吧。那么，我们到底怎么在天宫二号空间实验室里搭建这样一座液桥呢？

怎样在太空里搭建一座液桥

当然，我们不会像上面教大家体会的时候那样，也让我们的航天员用手去拉出这样一座液桥。

在天宫二号空间实验室，有这样一个黑箱子，它是专门为这次液桥实验而制造的精密设备。这台黑黑的实验箱重13千克，但却比普通的台式电脑还要小。别看它小，它不仅能拉出液桥，而且能让液桥实现172种变化，比齐天大圣孙悟空的72变还要多出100种。

液桥热毛细对流实验箱（中国科学院力学研究所国家微重力重点实验室研制）

大家注意到这台实验箱上那个红色的地方了吗？那是一个电接口，用来完成实验箱的供电和通信。通过它，科学家可以在地球上安排实验动作并向实验箱发出指令，实验箱收到指令以后，箱子里的各个设备就会互相配合，完成一系列的实验操作。

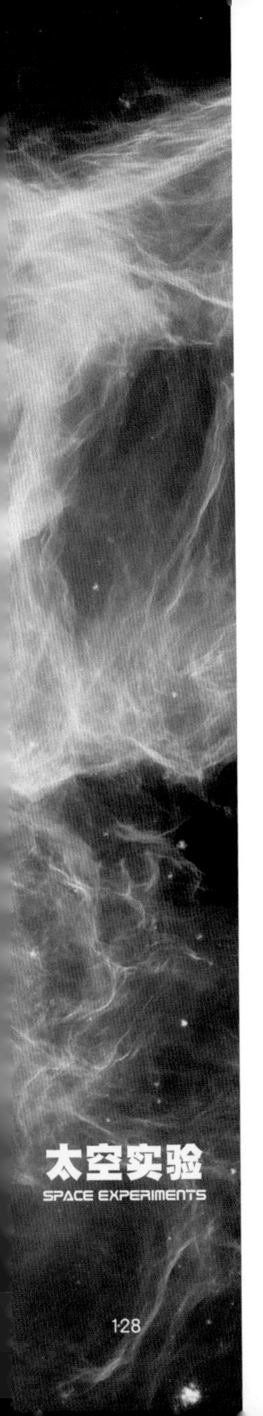

这台实验箱会通过我们地面注入数据来调整它内部的工作分配。在实验箱里内置了172组曲线，当设备拉出液桥以后，就会按照这172组曲线的作用，出现172种不同的形变和振荡，从而实现科学家的研究目的。

太空中的液桥和地面上的液桥有什么不同

在微重力环境下，地球重力的影响非常小，前面介绍的液体表面张力就可以大显神威。在地面上只能形成的小液滴，到了天宫二号空间实验室就可以形成大液球。

所以，利用太空的微重力环境，就可以建起一座很大尺寸的液桥。这在地面上是不可能完成的任务。

当然，太空中的液桥和地面上的液桥还有一个不同：热毛细对流成为液桥自然对流的主要形式。

液桥热毛细对流实验箱

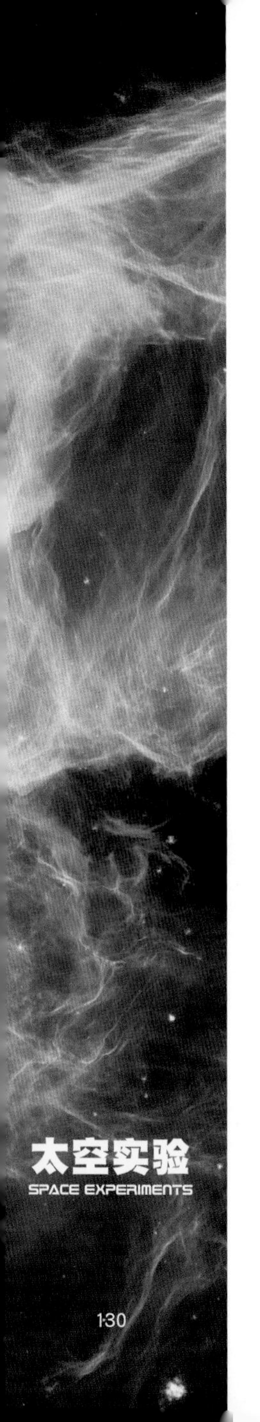

航天员入门考题 19

大家反复实验可以发现，两根手指间形成的液桥尺寸很小。当我们把两根手指间的距离拉得更开的时候，这座刚形成的液桥就会断裂。请问，这是什么原因呢？

| 考题答案 |

航天员入门考题 20

目前，国际空间站上已经搭建出的液桥，最大直径是多少？

| 考题答案 |

量子密钥分配
怎样实现天机不可泄露

主讲人：朱峰登

北京航天飞行控制中心总体室助理工程师
天宫二号与神舟十一号载人飞行任务：神舟十一号上行控制主管设计师

说起密钥分配的实验，不得不提到一个大家很熟悉的话题：盗号。游戏账号、密码被盗，装备、虚拟货币不翼而飞；QQ账号、密码被盗，而且还被用来向QQ好友发送可怕的诈骗信息；邮箱账号、密码被盗，私密邮件泄露等信息被盗的案例不胜枚举，大家常常是防不胜防。

所以，我们需要不断研发更高级别、更安全的网络保密方式，而量子密钥分配就是一种非常先进的保密方式，是量子通信的核心环节。

世界上第一颗量子卫星
——墨子号量子科学实验卫星

什么是量子通信

量子通信听起来很神奇，但其实并没有那么深奥。大家还记得我国在2016年8月16日发射的墨子号量子科学实验卫星吗？

墨子号量子科学实验卫星第一次在世界上实现了卫星和地面之间的量子通信。它是靠什么做到的呢？靠的是这颗卫星放大招。它的大招又是什么呢？正是量子密钥分配。

天宫二号空间实验室上的量子密钥分配实验，将诞生不会被窃听和破译的密信。

这项实验要求天宫二号空间实验室上的专用设备将一个个光子精准地打在地面站的望远镜上，以确保被地面站接收，进一步生成“天机不可泄露”的量子密钥。但是，天宫二号空间实验室的轨道飞行高度大约有400千米，飞行速度大约是8千米每秒，而地面站望远镜的接收口径却只有1米左右。这样的精准程度就像是从一辆全速行驶的高铁上，把一枚枚硬币准确地投到一个固定在10千米以外的矿泉水瓶里，难度非常大。

扫我可以观看《太空日记》的视频

密钥的作用就是用来对传输的信息进行加密，防止他人获取信息内容。

量子密钥怎么分配呢？我们来举一个例子。

比如，我们要传输“10101”这组正确密码。首先负责量子密钥分配的设备会随机向接收方传输一段由0和1组成的随机比特。

假设这组由0和1组成的随机比特是“10010011”。

由于量子的随机性，接收方在接收每一个比特的时候，都会有一定概率出错。如果出错了，接收到的信息就是错误的。这个时候怎么办呢？就需要发送方和接收方沟通一下，去掉错误的比特，剩下的就是随机产生的正确密码。

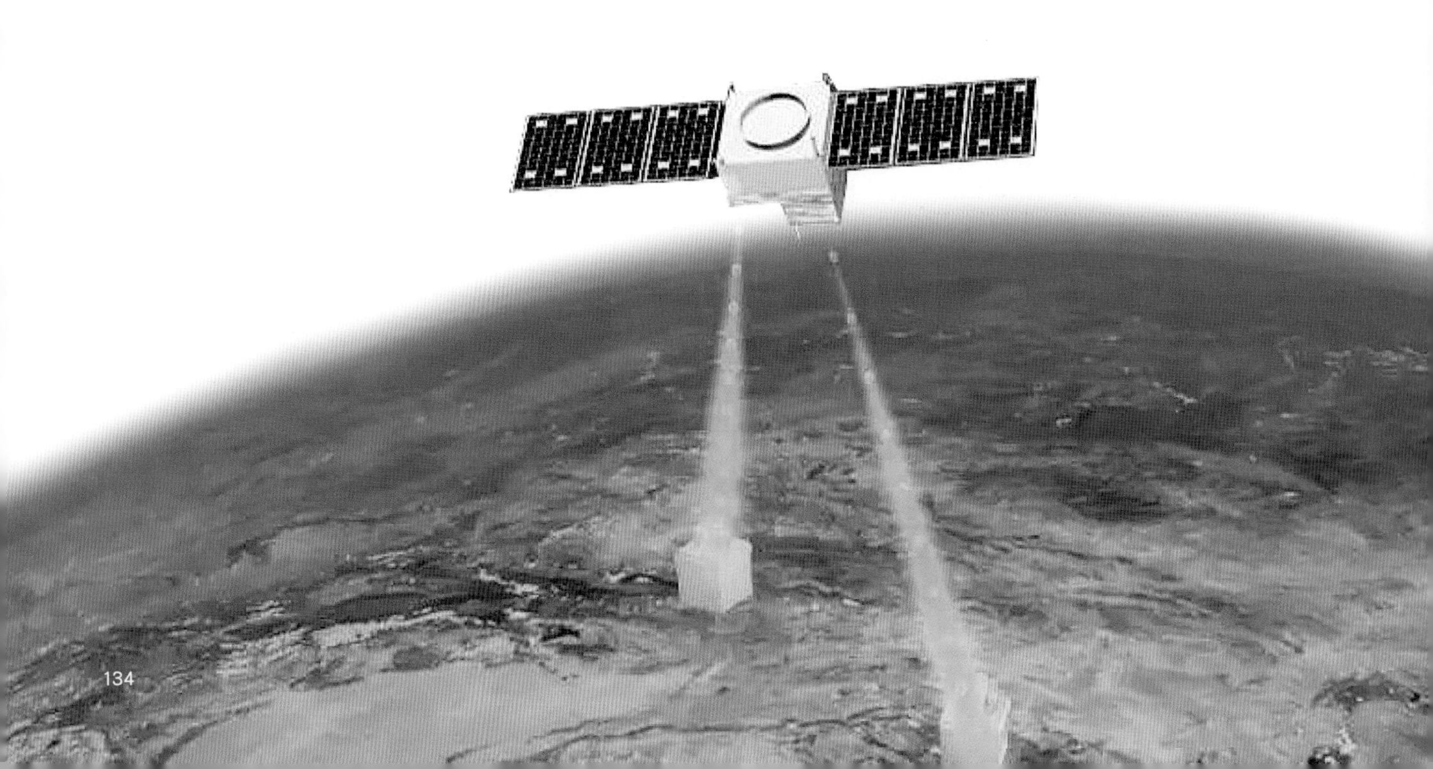

通过这个例子，大家发现了吗？量子通信的密码不是预先规定死的，而是在通信的时候随机产生的。

所以，量子通信其实就是一种加密通信，跟发电报一样，只不过它生成和发送密码的时候利用了一点点量子力学，使通信密码在通信的时候随机产生，也才使量子通信更加安全。

在量子通信过程中，只要有人窃听信息，信息接收方马上就可以知道。于是，发送方和接收方停止密钥分发，换个地方重新来，直到确认没有被窃听为止。

因此，只要是成功分配的量子密钥，就一定是没有被窃听过的安全密钥，即“天知地知你知我知”的密钥，从而成功做到天机不可泄露。

天宫二号空间实验室搭载的量子密钥分配实验光机主体

量子通信以前，人类有哪些加密通信的方式

◎ 古代西方的通信加密方式

在古埃及和古希腊时期，人们通过改变字母的顺序对明文进行加密，随后又发明了字母替换的加密方法。这种方法从古罗马一直延续到中世纪和文艺复兴时期。

比如，在古希腊，人们用一条带子缠绕在一根木棍上，再沿着木棍写好明文，然后解下来的带子上就只有杂乱无章的密文字母。解密的人如果不知道棍子的粗细，就无法正确解读信息。解密的人只要找到一样粗细的木棍，再把带子缠上去，然后顺着木棍就可以读出正确的明文。这种加密方式叫密码棒。

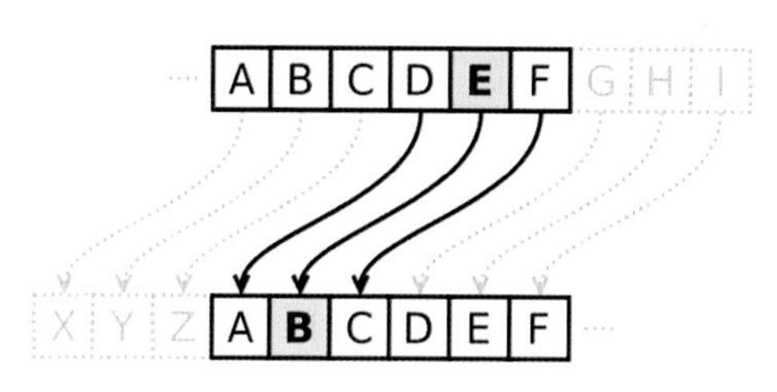

古老的字母替换加密方式

斯巴达密码棒

关于密码棒，有这样一个故事：在以雅典为首的提洛同盟和以斯巴达为首的伯罗奔尼撒联盟之间的战争中，斯巴达军队截获了一条特殊的腰带，上面写满了杂乱无章的希腊字母。斯巴达将军看着腰带，百思不得其解。后来，斯巴达将军胡乱把腰带缠绕在自己的宝剑上，于是惊喜出现了。他竟然就这样误打误撞地读出了腰带上写明的军事秘密。这就是斯巴达腰带的由来。

当然，古希腊人为了传递机密信息，还想出了非常多的怪办法。比如把奴隶的头发剃光，然后把消息刺在头皮上，等头发长好了，就派出去送信。于是，送信的人一到目的地，立刻又变成了光头。

◎ 古代东方的通信加密方式

古代东方也有信息加密的方法，比如人类最早的加密“U盘”就诞生在3000年前的中国。这位发明家就是姜太公。姜太公发明的“阴符”就是用敌方看不懂的暗语来传递我方军事信息。

当年，姜太公率领的军队大营被敌军包围，情况十分危急，就让信使突围送信。可他不仅怕信使忘了军机，而且还怕周文王不认识信使。于是姜太

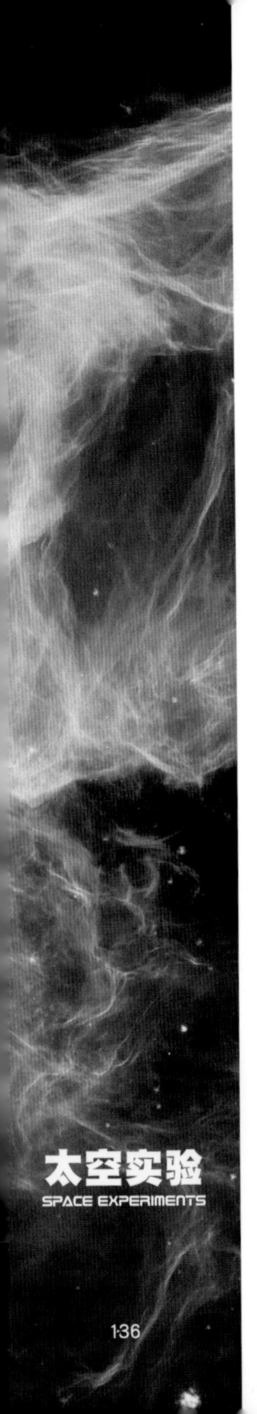

公把自己心爱的鱼竿折成几节，每节长短不一，各代表一件军机，让信使牢记，不得外传。信使回到朝中，把鱼竿拼接起来给周文王亲自检验。周文王辨认出鱼竿，亲自率领大军救了姜太公。事后，姜太公把用鱼竿传信的办法进行改造，就发明了阴符。再后来，阴符又演化成皇帝和大将军各拿一半的虎符，作为调兵遣将的凭证。

阴符演化的“虎符”

宋朝时出现了密码本。用40个字代表40个军事短语，然后再用这40个字编一首诗。于是，记录这40个字代表哪40个军事短语的文本就成了密码本。

◎ 近现代的通信加密方式

随着科技革命的出现，古老的加密方式进入了全新的阶段。摩尔斯电码的发明，使人们可以将每个字母都编码在四个“嘀”和“嗒”的不同组合上面，然后通过电报或电波发送信息。

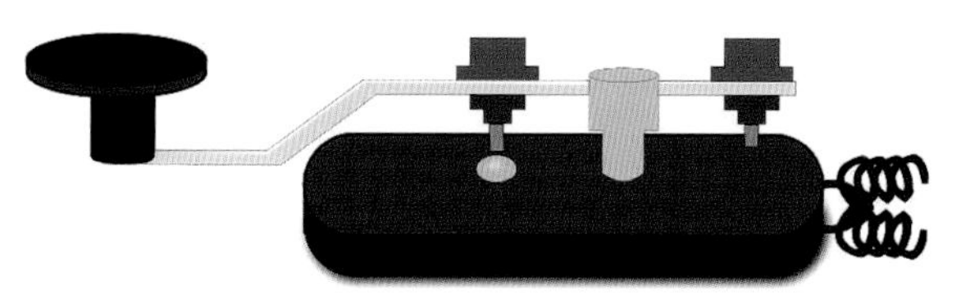

摩尔斯电码发报机

摩尔斯电码的加密等级虽然已经非常高了，但采用的加密方式依然是固定的，密钥都是事先约定好的，只要拿到“密钥本”，就能轻易破解。

到第一次世界大战时，德国发明了世

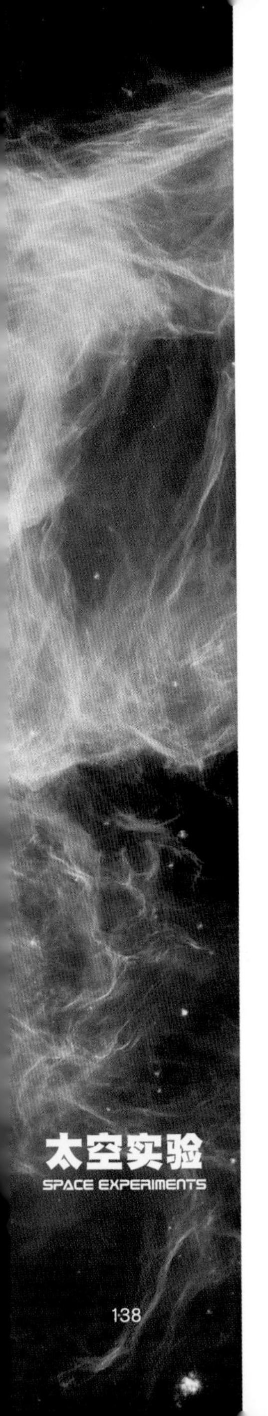

世界上第一部密码机——Enigma机

计算机之父——图灵

界上第一台可以自动生成密钥的机械密码机，它的名字叫“谜”，也被称为 Enigma 机。

这种加密方式把数学、物理、语言、历史、国际象棋原理、填字游戏等融为一体，被希特勒称为“神都没办法破译的世界第一密码”。这台密码机可以产生 220 亿种不同的密钥组合。假如一个人日夜不停地工作，每分钟测试一种密钥的话，需要约四万二千年才有可能试完所有的密钥组合。

二战期间，Enigma 机在军事上发挥了非常重要的作用。为了破译 Enigma 机，盟军吸纳了大批语言学家、人文学家、数学家、科学家参与工作，其中就有英国数学家、计算机之父——图灵。

破译机——炸弹

图灵带领团队发明了一台绰号“炸弹”的破译机，以机器对机器的方式，和德国的Enigma机战斗。这台破译机几乎可以破译所有被截获的德国情报，而且还启发图灵发明了现代计算机。

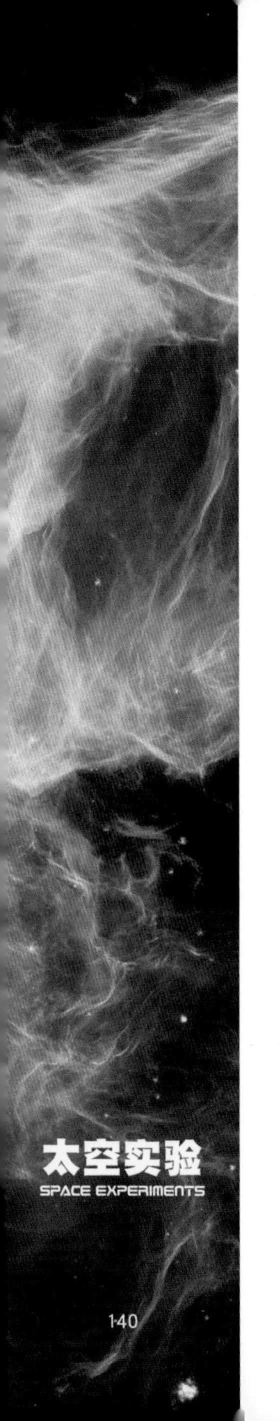

信息时代的通信加密方式

随着互联网的普及，人类进入了信息时代，通信加密的方式也从字母变为了二进制。

但是，随着计算能力的不断提升，通信加密方式也不得不升级。

现在，人类进入了以“量子密钥分配”为核心的量子保密通信时代。

我国在世界上率先实践量子通信

我国将建成世界上第一条量子保密通信主干线路“京沪干线”，这将大幅度提高我国在军事国防、银行、金融系统的信息安全。

为了更远距离的量子保密通信，我们除了继续建设地面光纤网络以外，还需要借助太空中的多个飞行器，实现覆盖光纤无法到达区域的量子密钥分配。这正是天宫二号空间实验室量子密钥分配实验的伟大意义。

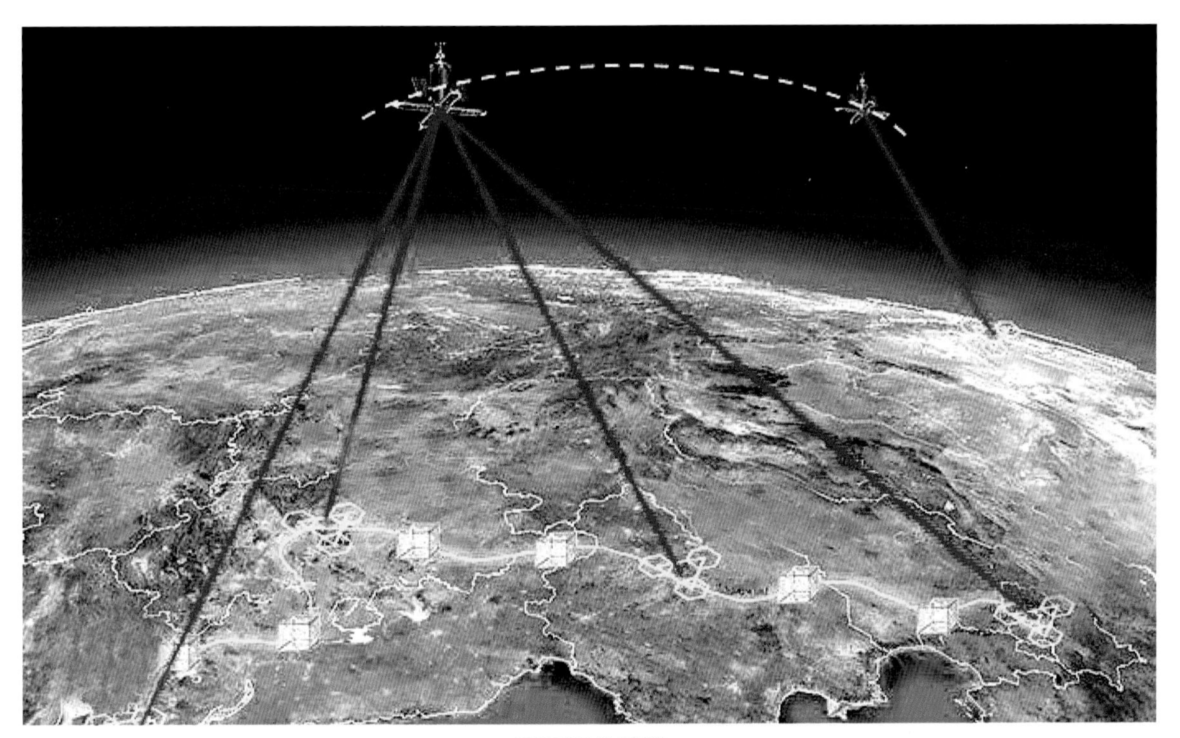

量子通信线路

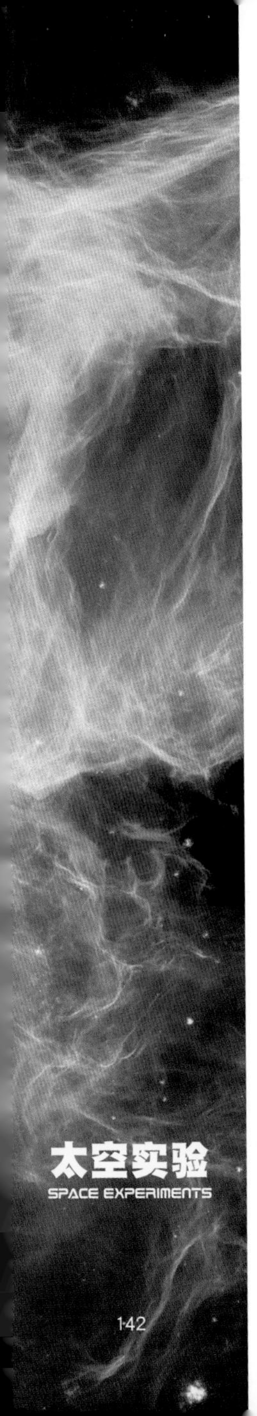

太空里的八卦炉
怎样炼出未来世界的英雄材料

主讲人：朱峰登

北京航天飞行控制中心总体室助理工程师

天宫二号与神舟十一号载人飞行任务：神舟十一号上行控制主管设计师

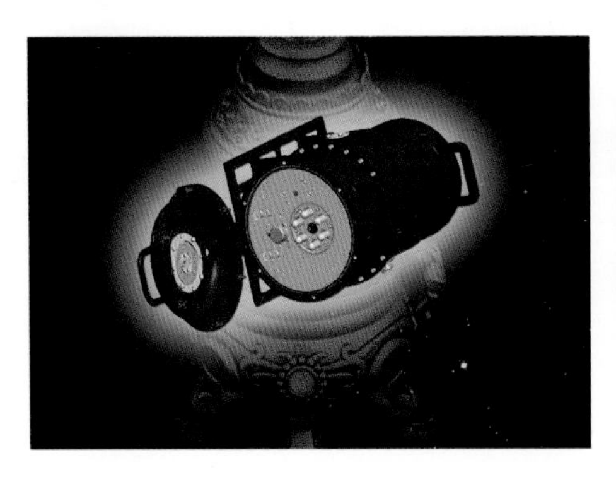

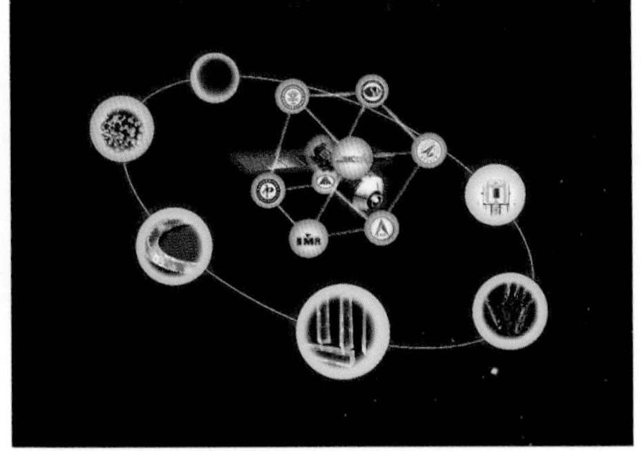

看过《西游记》的小伙伴一定还记得太上老君的八卦炉吧。这只神奇的炉子不仅炼出了金箍棒、九齿钉耙、七星剑、紫金铃、幌金绳、金刚镯等神器，还炼出了孙悟空的火眼金睛。

现在，这个神话终于成真了。

在天宫二号空间实验室里也有一只“八卦炉”，虽然它不能炼出和《西游记》里的神器一模一样的装备，但却有望“炼出”未来世界的英雄材料。比如存在于超级英雄电影里的银盘侠光溜溜的冲浪板、雷神胳膊上闪闪发光的铠甲、X教授主脑里的亮光、金刚狼的爪子、美国队长的盾牌、猎鹰的高科技侦查眼，甚至冰人的定向凝固等。

那么，从科学的角度来说，天宫二号空间实验室里的“八卦炉”到底叫什么呢？航天员在天宫二号空间实验室里，又要怎样操作呢？下面，就让我们大家一起来了解吧。

综合材料实验装置实物拍摄

神奇的太空“八卦炉”

随天宫二号空间实验室上天的这个“八卦炉”是工程人员历经三年多的攻关，专门研制的一套综合材料实验装置。

这套精心研制的实验装置由三个单机组成，分别是材料实验炉、材料电控箱和材料样品工具袋。

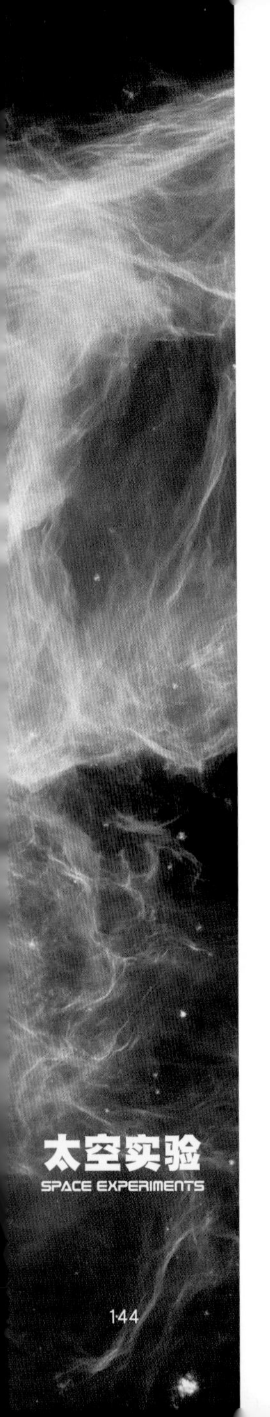

在天宫二号空间实验室里，我们搭载了一个综合材料实验平台，这个平台的本体就是一个大炉子，通过这个大炉子，就可以完成天宫二号空间实验室携带的18种材料的制备和测量两方面的工作。

综合材料实验装置由中国科学院上海硅酸盐研究所牵头，联合中国科学院国家空间科学中心、中国科学院兰州技术物理研究所共同承制。

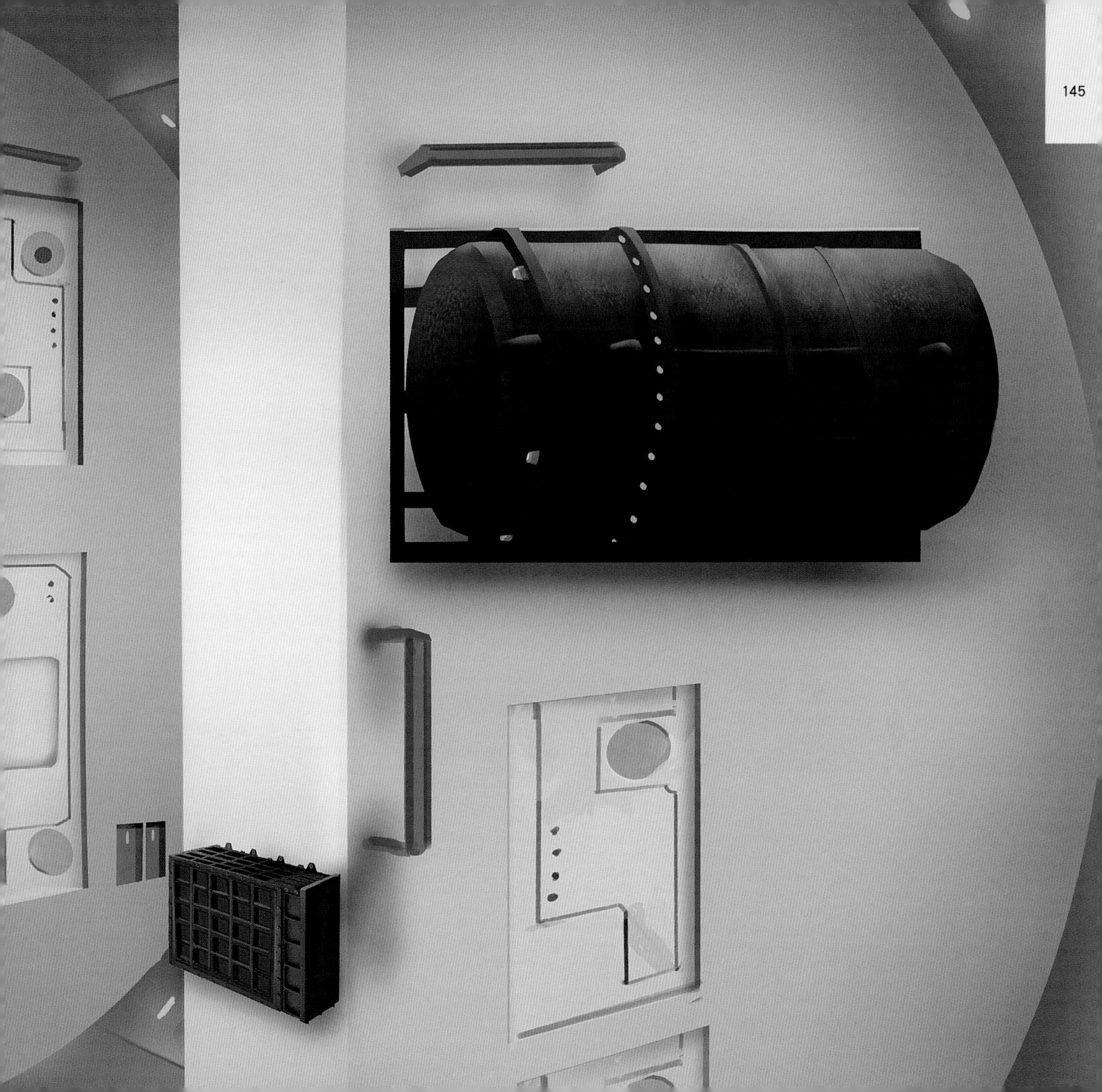

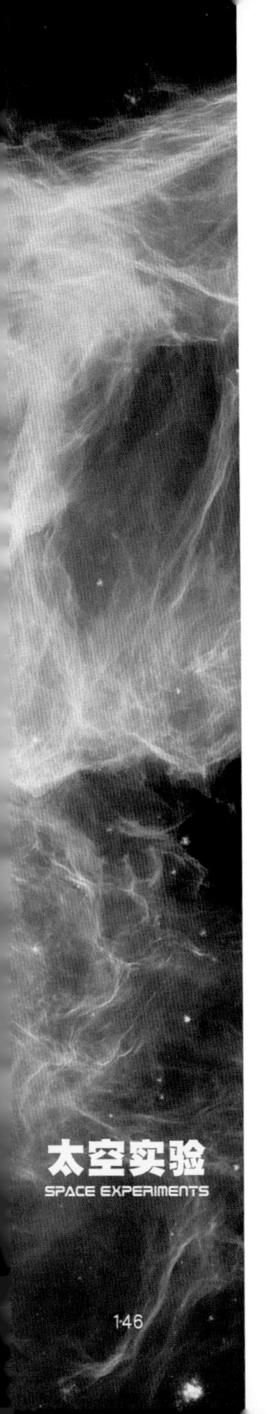

想知道这三个单机加在一起有多重吗？让我来告诉大家吧，只有大约27.6千克。

千万别小看这套小小的实验装置，它不仅可以实现真空环境下最高950摄氏度的炉膛温度，而且能够一炉多用。在本次天宫二号空间实验室的实验中，科学家们准备了十八种样品材料，都可以在这一个材料实验炉里完成。

这么厉害的材料实验炉，里面究竟长什么样子呢？

材料实验炉内部结构示意图

大家看到材料实验炉内部结构示意图了吗？这只大炉子里面有两个非常重要，也非常厉害的组成部分，分别是加热炉单元和样品管理单元。

为了让材料实验炉这只大炉子能够精确地工作，我们当然不可能让航天员去拉火、煽风、锤炼，更不可能让航天员像太上老君那样施法。那我们怎么办呢？

为了方便大家更好地理解，我们打一个比方，把这只材料实验炉比作一支转轮手枪。那么加热炉就好比是这支转轮手枪的枪管，不过这根“枪管”非常不一般，这里面的最高温度可以加热到950摄氏度。实验材料的制备、测量等处理工作就是在这里完成的。

科学家们通过控制加热炉的温度，让实验材料熔化和凝固，这样就能在空间微重力条件下制备出地面难以合成的高质量材料。

如果把材料实验炉的加热炉比作转轮手枪的枪管，那么样品管理单元是不是就相当于转轮手枪的转轮呢？

并不完全是这样的，我们只把样品管理单元的核心——样品管理仓比作转轮。

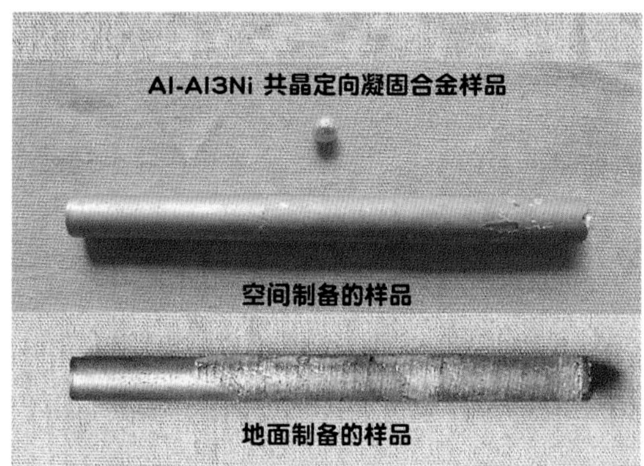

空间微重力条件下制备的样品和地面制备的样品对比图

材料实验炉也像转轮手枪一样工作吗

有了好比枪管的加热炉和好比转轮的样品管理仓，材料实验炉在太空的工作就会变得方便很多。

我们的每种样品材料都会装在一个料舱里，料舱就好比是子弹的弹壳。所以，对材料实验炉这支转轮手枪来说，装着样品材料的料舱才是它的“子弹”。

有了料舱的帮助，我们就可以同时把六种样品材料装进样品管理仓。这就好比把六颗子弹装进了转轮手枪的转轮里。

料舱

样品管理舱进炉

当需要对某种样品材料进行实验时，就把装这种样品材料的料舱对准加热炉，然后慢慢将料舱推进加热炉，最后加热炉会加热到高温状态，按照科学家预定的工艺要求让样品材料生长，从而完成实验。

这个过程就好比把子弹装进转轮手枪的转轮，然后转动转轮，让子弹对准枪管，再把子弹推进枪管，最后完成作业。

每个样品材料的实验完成以后，我们可以把实验样品像子弹退膛一样，退回到样品管理仓，然后再像转轮手枪那样，转动转轮，让第二个料舱对准加热炉，以此类推，直到全部样品材料都完成实验。

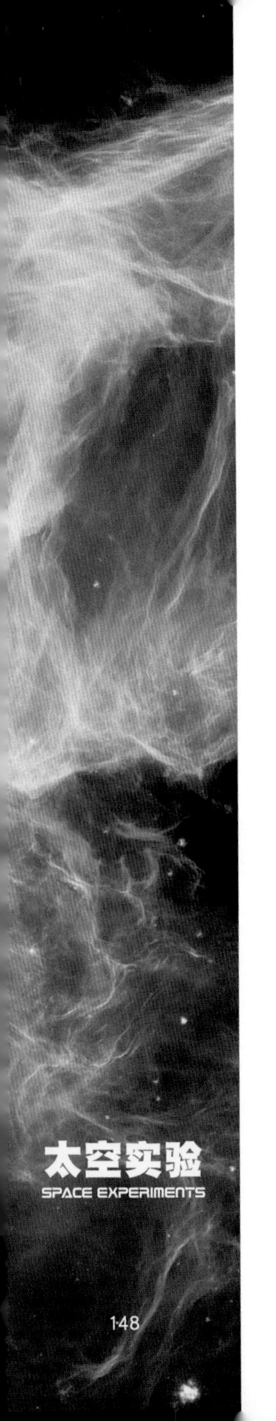

材料电控箱是干什么的

了解完材料实验炉的结构和工作原理以后，一定会有人问：如果把材料实验炉比作转轮手枪，那么谁来开枪呢？

答案就是这套实验装置的另一个部分——材料电控箱。

我们在前面介绍的转动转轮手枪的“转轮”，把“子弹”推进“枪管”，控制“枪管”加热等一系列工作，都是由材料电控箱来发号施令的。

当然了，材料电控箱不仅负责控制材料实验炉的所有功能和动作，还负责与外界的信息传输和交流，包括实验装置的供电、向地面传输实验数据等工作都是通过它来完成的。

这样说来，材料电控箱就好比是材料实验炉的大脑，甚至可以说是整套材料实验装置的大脑。

材料电控箱

航天员要做什么

看完上面的介绍，大家一定会好奇，好像航天员已经不需要做什么了，真的是这样吗？

当然不是。天宫二号空间实验室需要进行实验的样品材料一共有十八种，可是样品管理仓一次装不下这么多，所以要分三批进行实验，每批进行六种。

第一批的六种样品材料是随大炉子一起发射升空的，所以只要在材料电控箱的精确控制下，直接展开实验就行了。可是之后的第二批和第三批就有麻烦了。因为实验装置还没有办法自己把大炉子的盖子打开，然后把样品材料替换掉。这就需要航天员出场了。

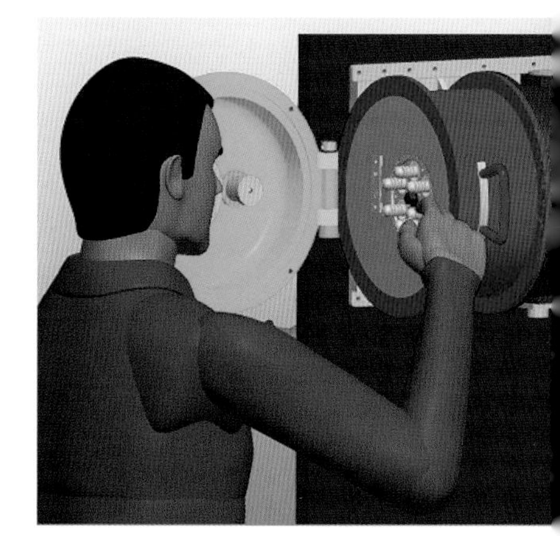

航天员替换样品材料示意图

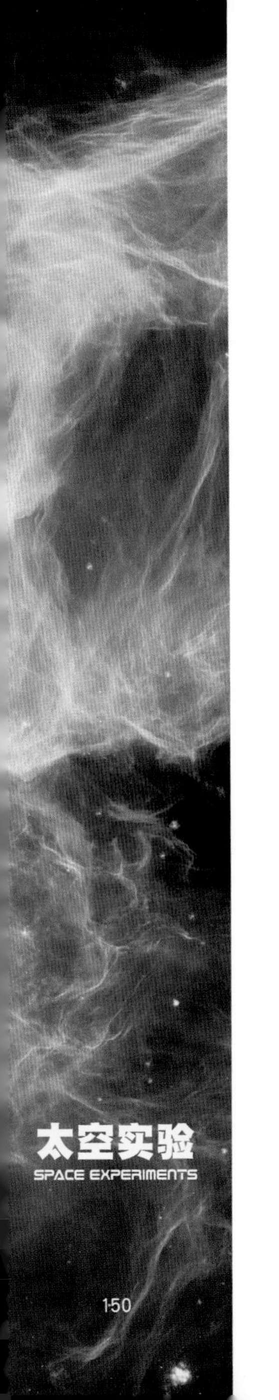

航天员拧开螺钉，打开炉盖，把大炉子里做完实验的样品一根一根取出来，放到事先准备好的材料样品工具袋里，然后把第二批样品材料放进大炉子里，关上盖子，拧紧螺钉，等待实验自动完成。第二批实验结束后，航天员还要换上第三批，直到全部实验结束。

看上去，航天员这项工作好像非常简单，其实一点也不简单。为了防止在太空中操作出现意外，航天员在地面需要进行无数次练习。有一次在太空中做材料实验的苏联人，在焊接一个金属材料的徽章时，火星溅到飞船的舱壁上，差点儿着火，非常危险。

大家是不是以为航天员的工作到这里就结束了呢？

当然没有，还有最重要的环节呢。航天员需要把实验完成的全部样品装进材料样品工具袋，并且要把它们安全地带回地球，供科学家研究。

航天员入门考题

21

我们知道大多数转轮手枪的转轮上安装有六个弹巢，每个弹巢里装一颗子弹，一共就是六颗子弹。那么样品管理仓这个“转轮”可以装多少种材料呢？

| 考题答案 |

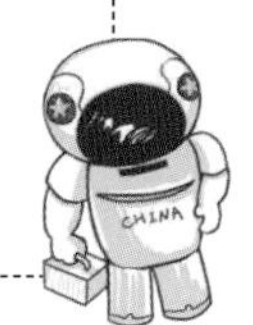

宽波段成像光谱仪
带你从太空看大海

主讲人：申聪聪

北京航天飞行控制中心总体室助理工程师
天宫二号与神舟十一号载人飞行任务：天宫二号上行控制副主管设计师

我国载人航天的历次巡天任务中，都少不了在浩瀚宇宙中从各个方位来感知地球。

天宫二号空间实验室也搭载了多个新一代对地观测的遥感仪器和地球科学研究仪器，比如宽波段成像光谱仪、三维成像微波高度计、紫外临边成像光谱仪等。

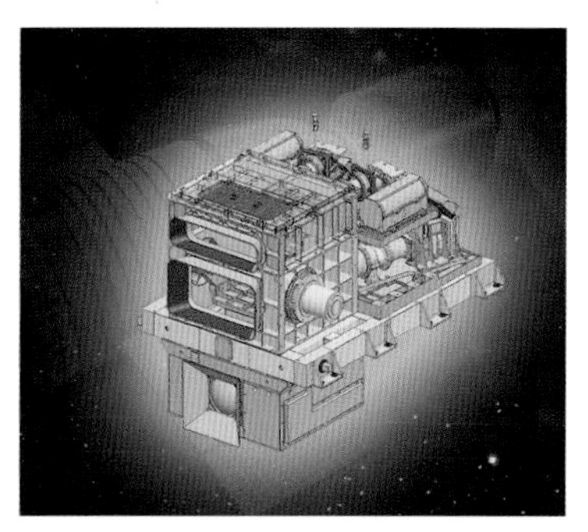

宽波段成像光谱仪

这些仪器突破了一系列关键技术，在资源环境、生态环境、农林应用、海洋环境、大气污染和大气成分监测，以及全球变化研究领域有着广泛应用。

就拿宽波段成像光谱仪来说，这种光谱仪的幅宽非常大，看得非常宽，足有300千米。300千米是什么概念呢？相当于从北京到了秦皇岛。

这么强大的高科技，如果用来监测大海，只需要拍一次，就可以查到比以往多得多的信息。如果把这项技术应用到我国大面积的矿产普查、农业普查等方面，就可以发挥事半功倍的作用。

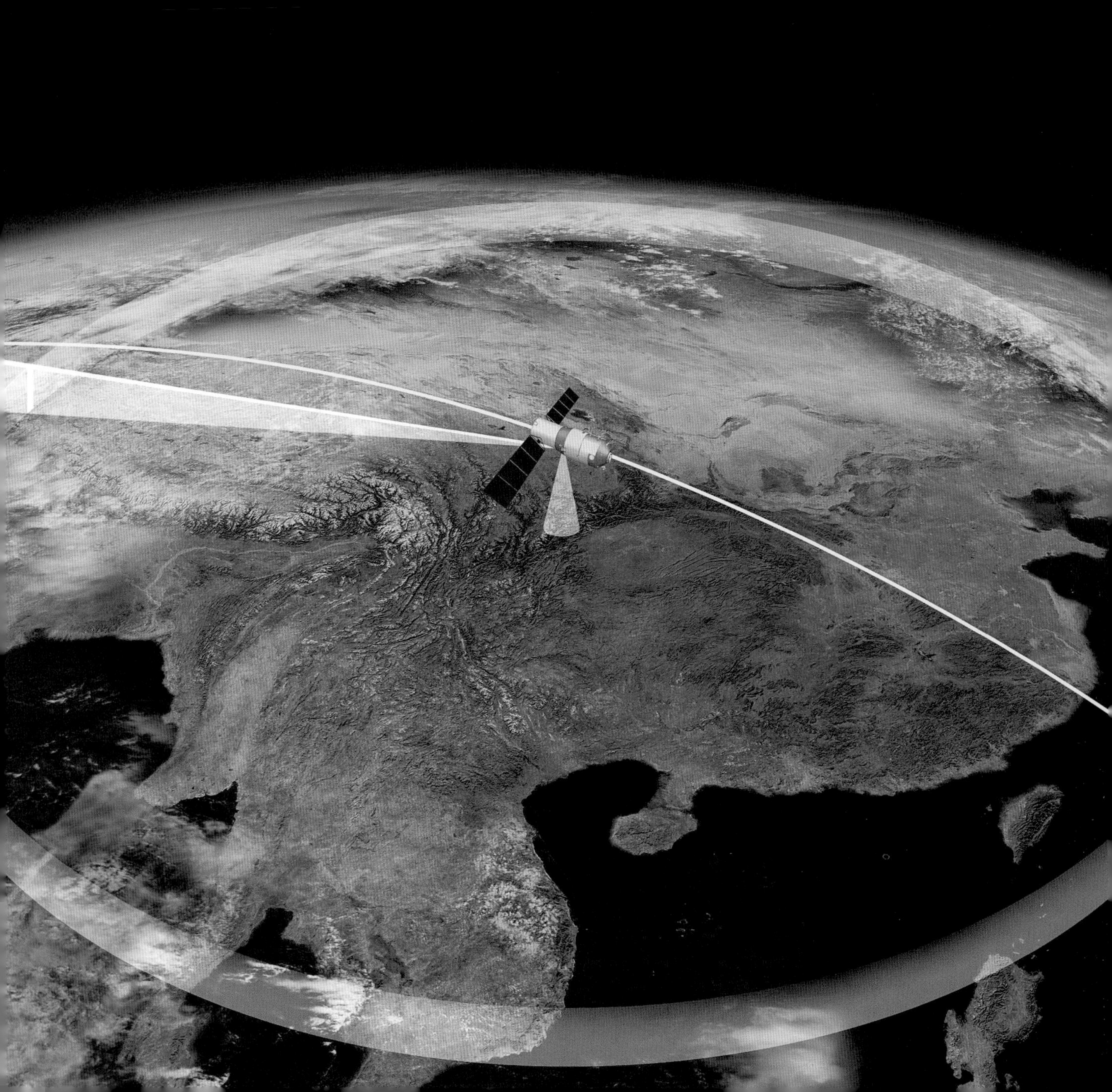

宽波段成像光谱仪为什么这么厉害

宽波段成像光谱仪是天宫二号空间实验室上这台科学仪器的学名，它还有一个俗名，叫尖端数码相机。

如图所示，这台尖端数码相机被安装在天宫二号空间实验室的“肚子”上。如果说天宫二号伴随卫星是一只飞行在天宫二号空间实验室周围的火眼金睛，那么宽波段成像光谱仪就是长在天宫二号空间实验室肚子上的一只火眼金睛。有了它，我们就可以跟随天宫二号空间实验室的飞行角度变化，从多个不同方位对地球成像（也就是拍摄）。

那么，这台尖端数码相机到底怎么工作呢？这就要先介绍它的结构。

宽波段成像光谱仪

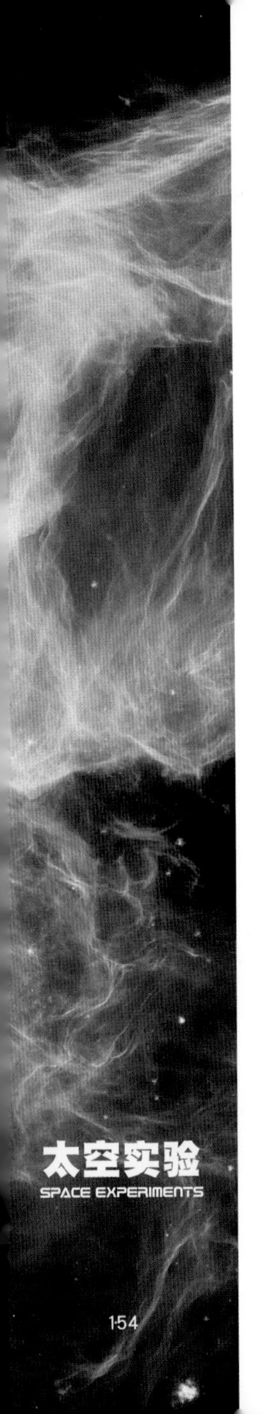

宽波段成像光谱仪实物照片（光机主体部分）

从外形看，宽波段成像光谱仪这台尖端数码相机就像一个“黑匣子”。如果我们把这个“黑匣子”打开，就会发现，它的内部一共分四层，安装着八台精心设计的小相机。

第一层是两台热红外波段相机，第二层是两台短波红外波段相机，第三层是三台可见光近红外波段相机，第四层是一台可见光波段偏振相机。

这八台相机通过视场拼接组合在一起。什么是视场呢？视场代表着摄像头能够观察到的最大范围，视场越大，摄像头能观测到的范围就越大。

这八台相机通过拼接组合，就可以让宽波段成像光谱仪的视场变得很大，“看”得更宽，更能够同时获取同一目标的图像、光谱等信息。

当然，宽波段成像光谱仪之所以很厉害，除了这八台相机，还有三件利器。这三件利器都是我们国家自主研发的。

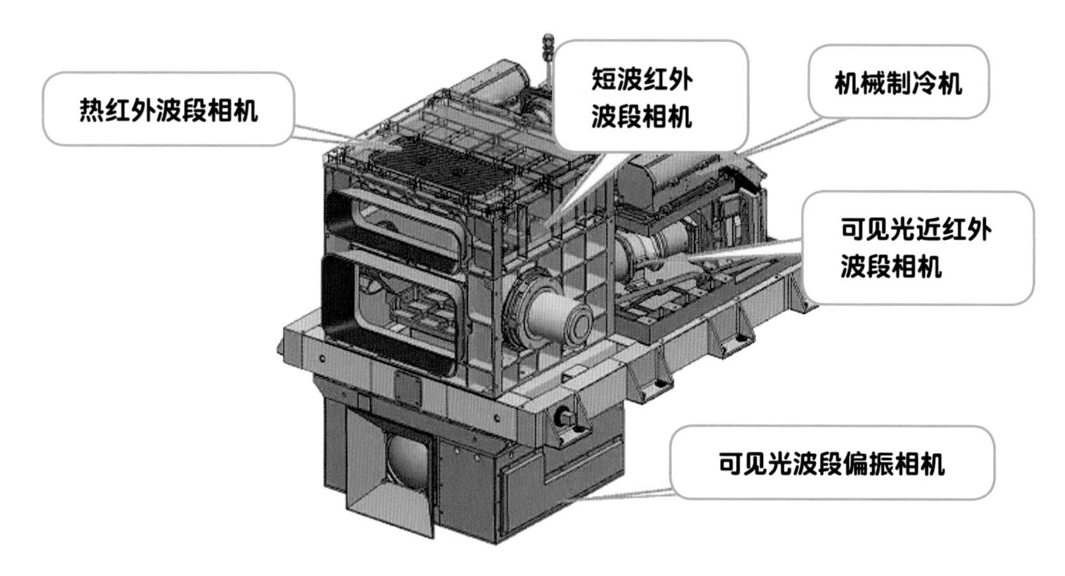

宽波段成像光谱仪三维模型图

第一件是新型长线列短波红外探测器。这个小小的探测器里竟然集成了1600个“视觉”单元。它有什么作用呢？那就是保证相机看的时间更长，目标看得更清晰，使相机拥有穿云透雾的“神技”。这一点，丝毫不逊色于《西游记》里的千里眼。

第二件是热红外探测器。这个探测器竟然也集成了800个高灵敏度的“视觉”单元。它又有什么作用呢？那就是使相机具有夜视功能，昼夜不间断工作，能够探测到0.025摄氏度的温度变化。

第三件是一台高性能、高可靠性的灵巧型机械制冷机。这台制冷机的作用是满足上面介绍的那件热红外探测器需要的低温要求，保证它在零下200摄氏度的超低温环境下稳定工作。

宽波段成像光谱仪的任务是什么

天宫二号空间实验室搭载宽波段成像光谱仪这台尖端数码相机上天以后，相机就要马不停蹄地开展太空工作。它的主要任务有两个，一个是看大海，另一个是看大气。

◎ 看大海，看什么

宽波段成像光谱仪看大海，当然不是像咱们去海边旅游那样看大海，而是要观测海水的颜色和水温。

比如，海水中叶绿素含量增大时，海水的颜色一般由蓝色向绿色转变，相机提取到海水叶绿素等色素浓度的信息，不仅可以帮助海洋专家准确监测到发生在任何海域的赤潮现象，还可以估计出这片海域的浮游生物量和初级生产力，从而指导渔民出海作业等。

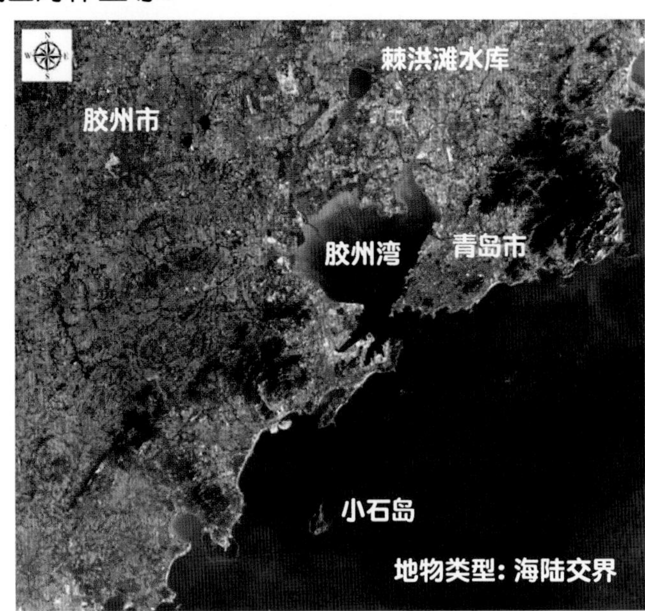

宽波段成像光谱仪可见光近红外图像

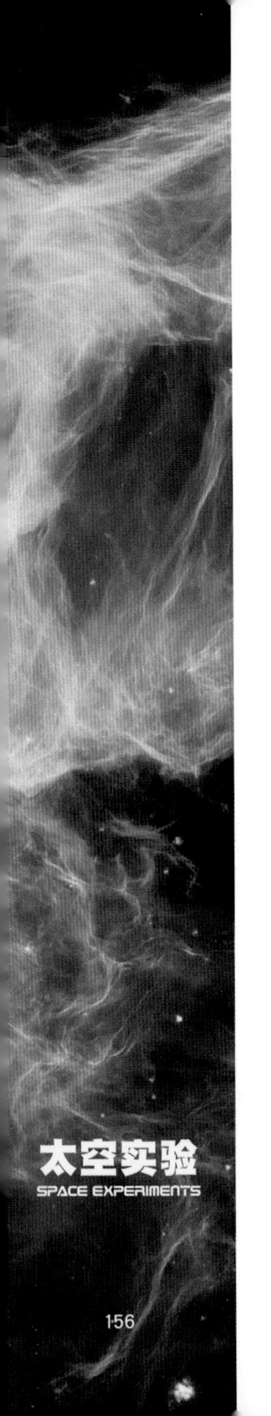

◎ 看大气，看什么

大家都知道，要想从太空中观测地球，就一定要通过地球周围厚厚的大气层。那么，宽波段成像光谱仪能看到雾霾吗?

答案是能。它不仅能看到，而且可以获取到雾霾的位置信息以及严重程度。

当然，天宫二号空间实验室上的这台宽波段成像光谱仪不是为了专门看雾霾，而是要帮助研究人员对大气中气溶胶和云粒子的大小、形状、光学厚度等进行定量化研究。这些对气象预报、气候预测有很重要的价值。有了这台尖端数码相机，就可以帮助人类优化气象预报。

地面热红外探测成像图

在哪里可以亲眼目睹这些太空相机

宽波段成像光谱仪这台尖端数码相机，是中国科学院上海技术物理研究所的科学家团队，贡献了八年的智慧和心血才研制成的。这家以盛产太空相机而闻名的研究所，先后为我国的风云系列气象卫星、神舟系列载人飞船任务、海洋和环境卫星、探月工程研发了各种高性能的太空“千里眼”。

作为科普教育基地，大家只要提前预约，就有机会到中国科学院上海技术物理研究所一睹太空数码相机的“真容”。

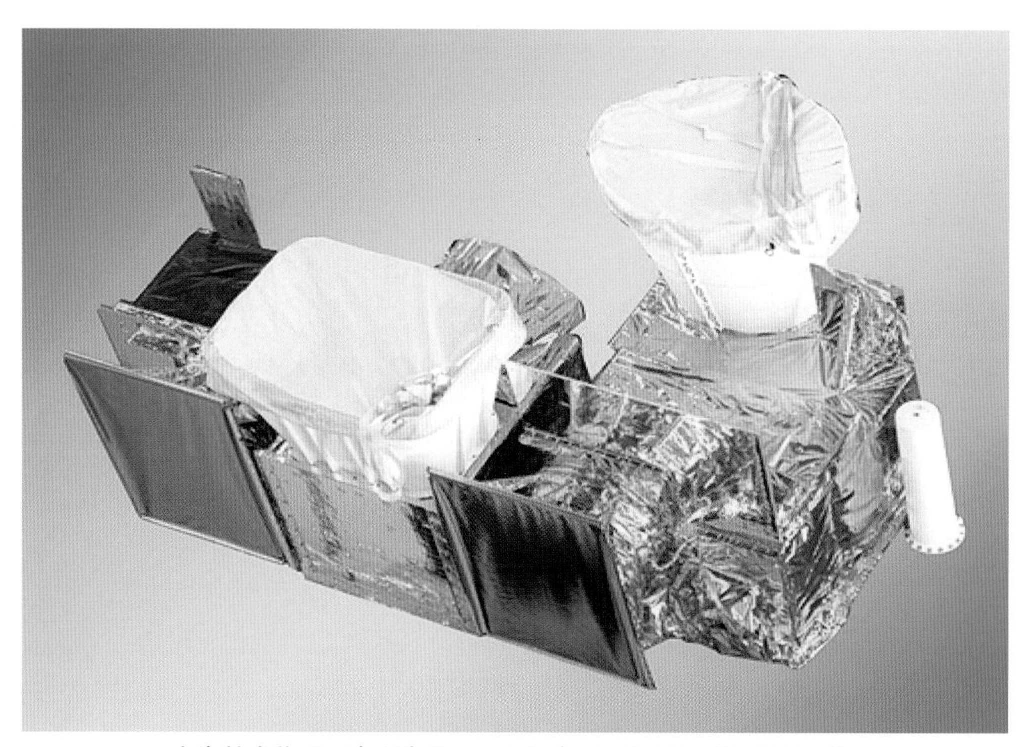

上海技术物理研究所为风云四号气象卫星打造的“超级慧眼”

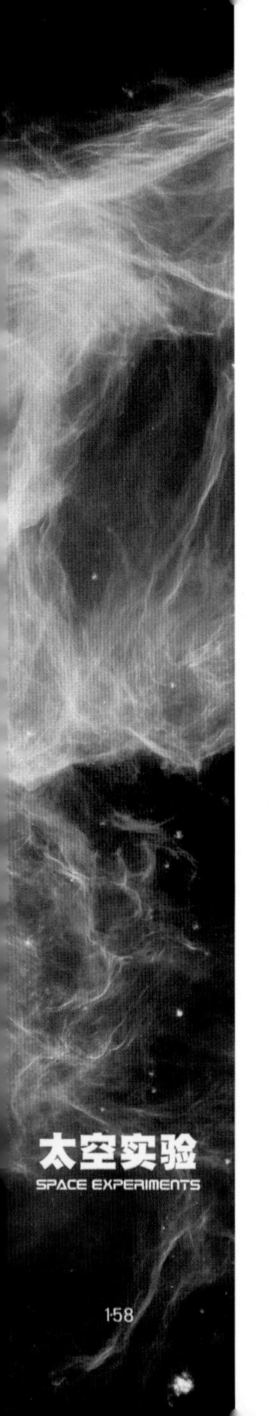

航天员入门考题

赤潮是海水中爆发的一种有害生态现象，以下选项里，哪些是赤潮造成的危害？（多选）

A.大量赤潮生物聚集在鱼类的鳃部，使鱼类因为缺氧而窒息死亡；

B.赤潮生物死亡后，藻体在分解过程中大量消耗水中的溶解氧，导致鱼类及其他海洋生物因缺氧死亡，使海洋的正常生态系统遭到严重的破坏；

C.鱼类吞食大量有毒藻类，会导致鱼类死亡；

D.有些藻类会分泌毒素，毒素通过食物链严重威胁食用人的健康和生命安全。

| 考题答案 |

ABCD。

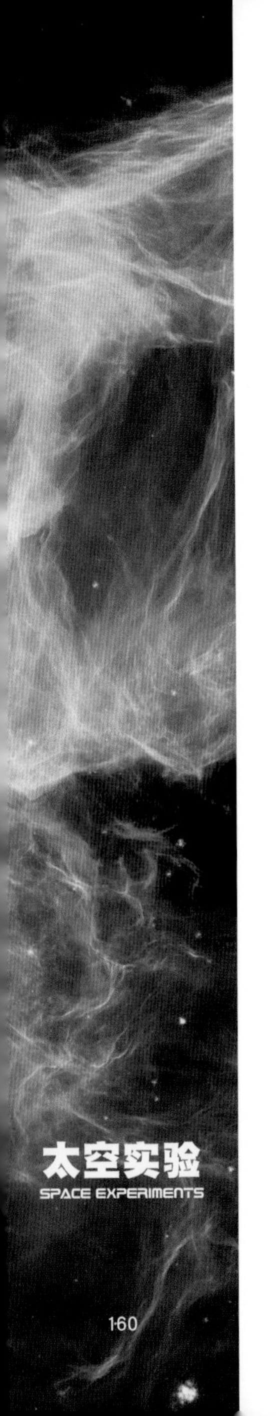

太空里的测海神针

三维成像微波高度计

主讲人：申聪聪

北京航天飞行控制中心总体室助理工程师

天宫二号与神舟十一号载人飞行任务：天宫二号上行控制副主管设计师

浩瀚而又神秘的海洋占了地球表面积的71%，是人类最大的资源宝库。海里不仅蕴藏极为丰富的生物、矿产资源和能源，而且是推动经济发展的重要领域。

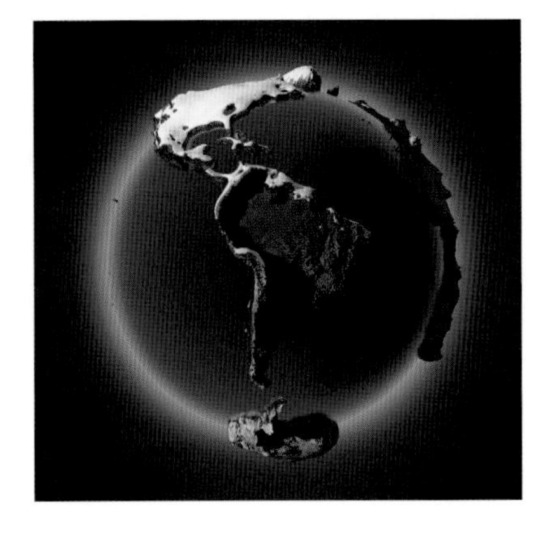

此外，海洋还是自然界水循环的重要组成部分，对地球上的生态环境有着极其重要的影响。同时，海洋也是很多重大自然灾害发生的源头。

人类只有清晰地了解海洋环境的安全性，才能真正地开发和利用好海洋资源。

所以我们需要随时能够敏锐地捕捉到海洋的细微变化。这就需要借助天宫二号空间实验室搭载的三维成像微波高度计。它能够敏锐地捕捉到海洋表面细微的变化，而且能够排除赤潮、海啸和风暴潮的干扰，为研究全球的海平面高度、海面风浪和洋流等海洋动力环境提供直接的科学观测数据，同时也为全球能量交换、气候变化的研究提供不可或缺的科学依据。

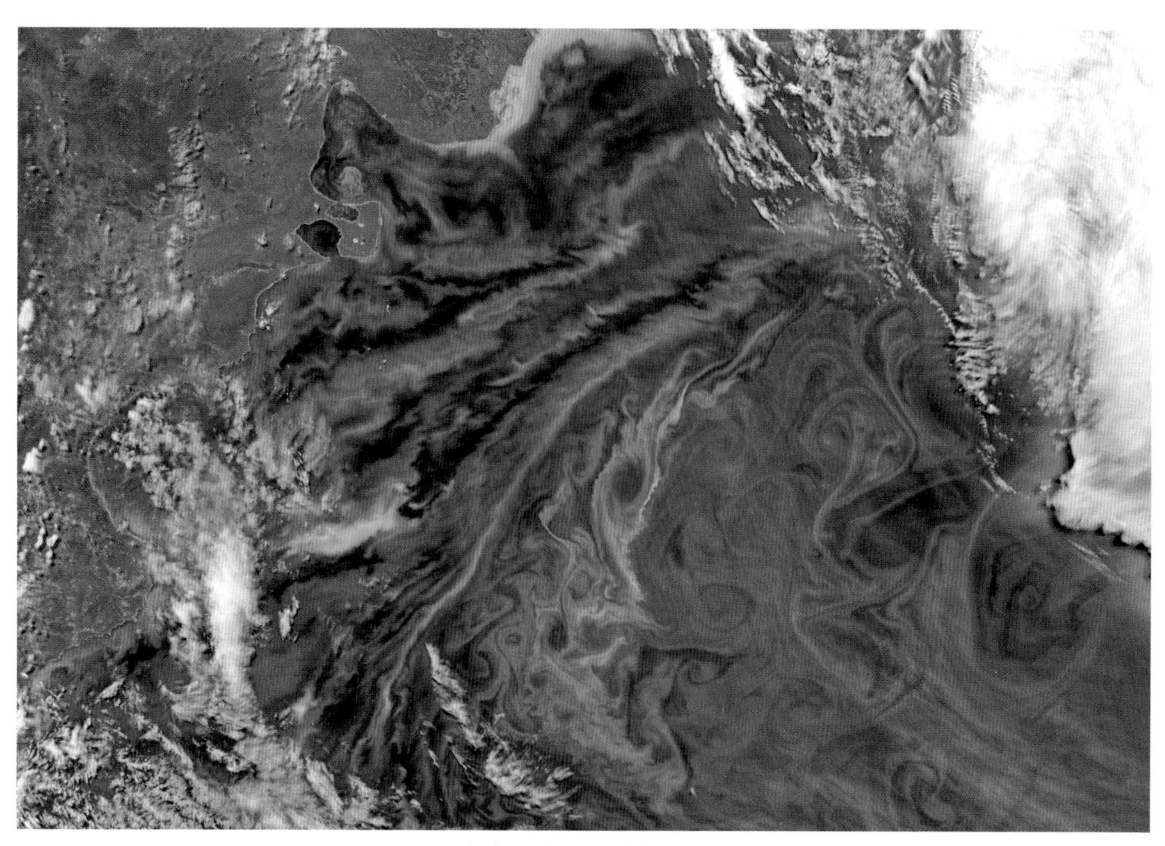

从太空中观测到的海洋变化

三维成像微波高度计的作用

天宫二号空间实验室搭载的三维成像微波高度计，是国际上第一次实现宽刈（yì）幅海面高度测量，并能进行三维成像的微波高度计。它的作用是通过微波，精确地测量出海平面的高度。两副天线向海面发射微波，然后通过接收回波和信号处理，海面高度的细微变化就能被它探查出来。

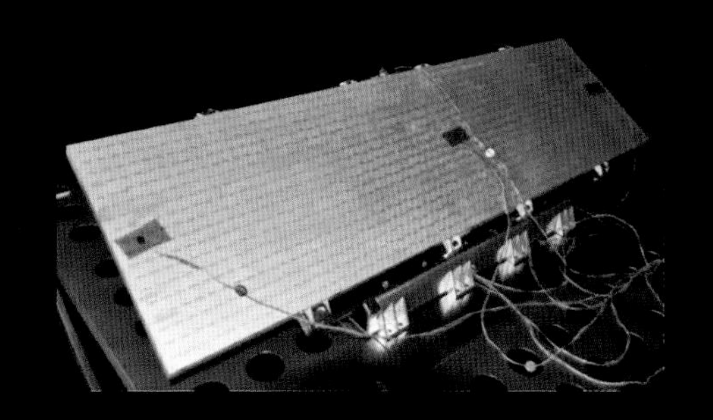

三维成像微波高度计天线

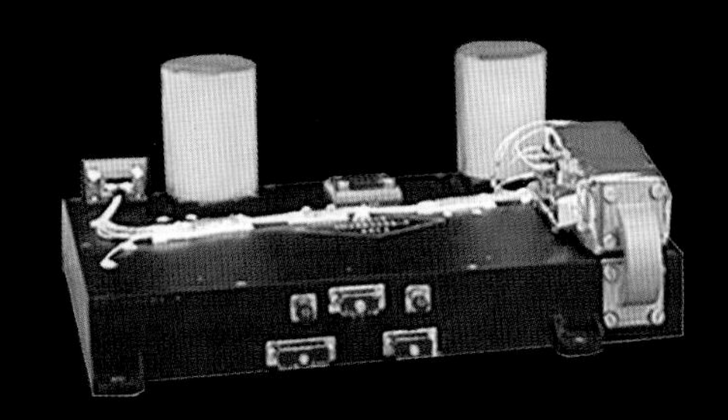

三维成像微波高度计前端

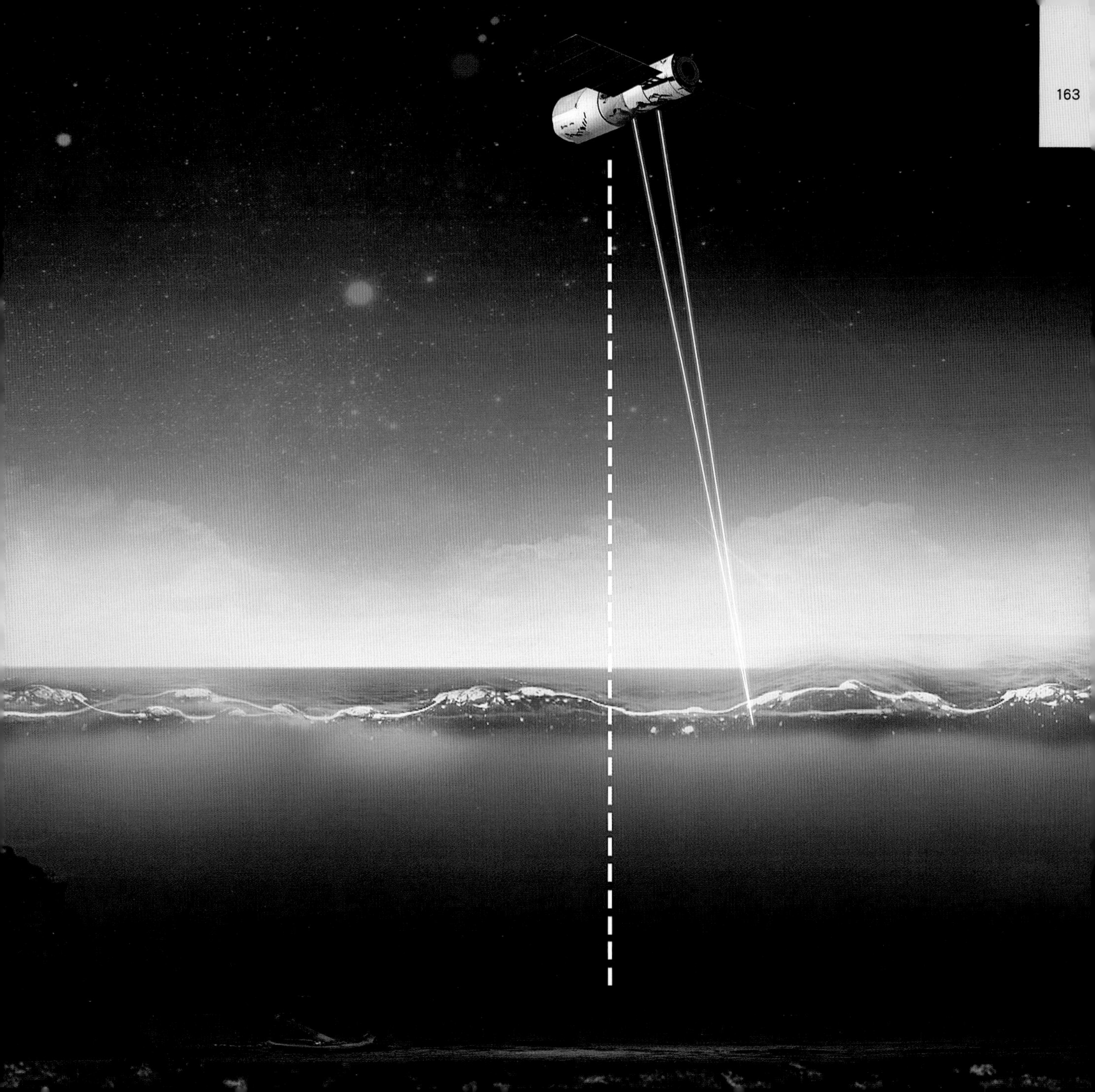

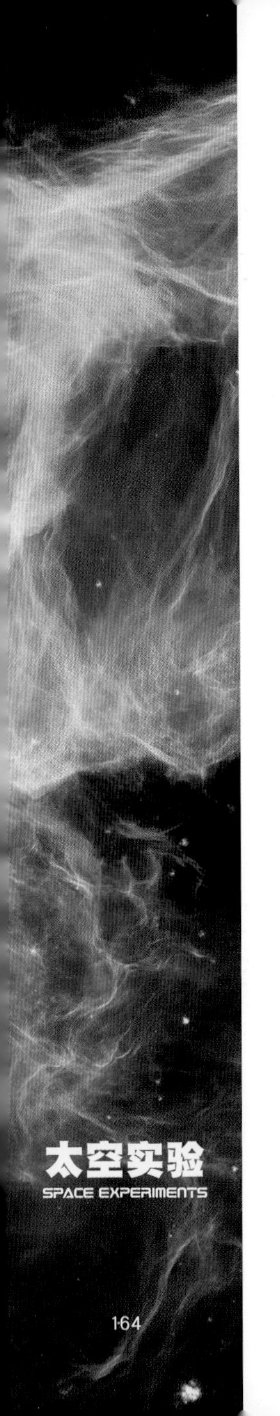

三维成像微波高度计的两大神技

◎ 神技一：测量海平面高度

为什么要用三维高度计来测量海平面高度呢？

我们来举例说明吧。一般情况下，国际上通用的高度计只可以测量一个点的高度。比如我们要测量珠穆朗玛峰的高度，这就是一个点的高度，很简单。但是如果我们要测出河北省这么大一个区域的高度，那就有很多不同点的高度需要测量，我们该怎么测呢？听上去简直是不可能完成的任务。不过，这一点儿也难不倒三维成像微波高度计。通过三维成像，它可以把一个区域内各个点的高度同时显现出来。注意！是同时哦！是不是很厉害呢？

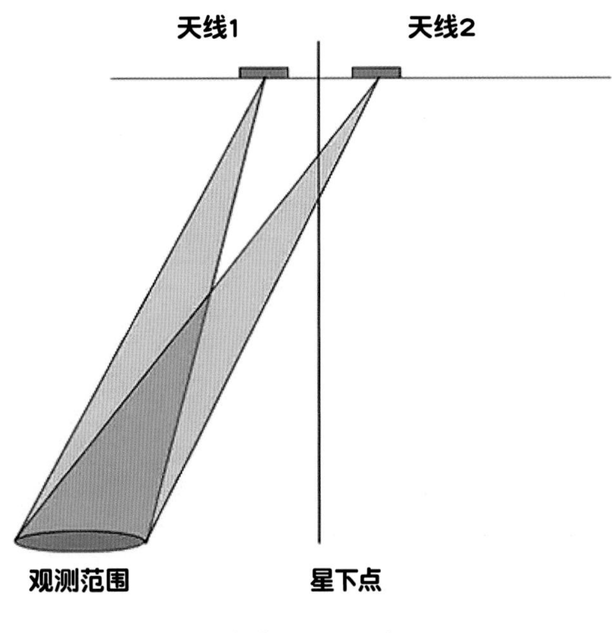

微波高度计观测示意图

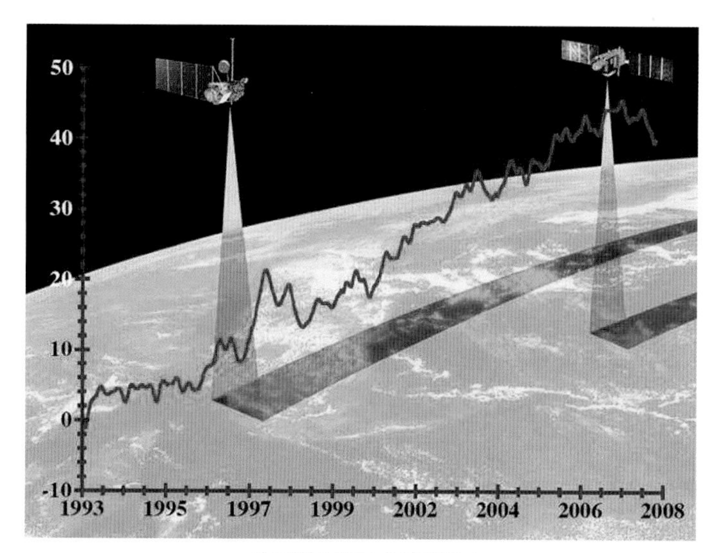

全球海平面升高情况

测量海平面高度有什么用呢？

海平面高度是最基本的海洋水文参数之一，与全球水循环关系最为密切。比如潮汐、气候变化、海水热容量变化、地球自转速度变化等原因，都会导致海平面高度上升或者下降。

当海平面高度上升或者下降的幅度较小，或者只是发生有规律的升降变化，那么我们不用特别担心，这属于“正常”的升降活动，一般不会引发自然灾害。

相反，如果海平面高度发生大幅度的上升或者下降，这就属于异常现象，往往会给人类社会造成危害，比如海啸、风暴潮等。

当然，除了海啸、风暴潮这些突发性的海面异常升降外，海平面还会发生长期的趋势性海面上升或下降，这也有可能对人类社会产生严重危害。

比如海面如果持续上升，不但会加剧风暴潮灾害，还会改变沿海地区的自然地理和生态环境，甚至使广大低海拔地区出现被海水淹没的危险，这就可能引发世界范围的重大环境问题。

那么，导致海面高度异常变化的主要因素有哪些呢？

首先是自然原因和“温室效应”造成的气候变化。其次是地球构造运动和地面沉降活动引起的滨海陆地升降。最后是冰川消融以及河流入海的水量变化等。

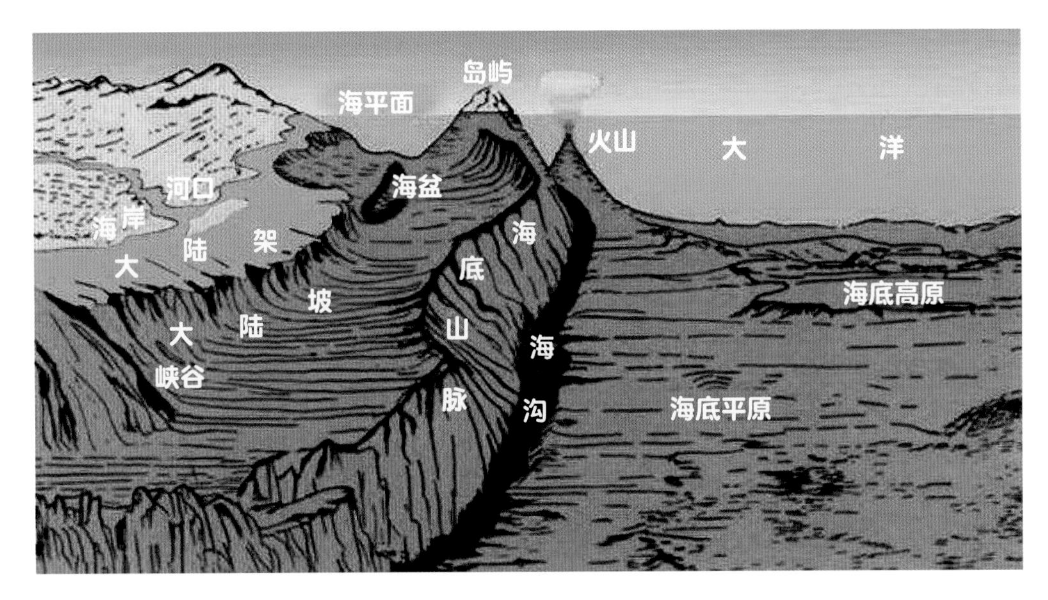

◎ 神技二：测量海洋水深

全球的海洋水下环境十分复杂，有不同高度的海山和不同深浅的海沟，掌握水下环境对保障航海安全至关重要。

所以，微波高度计担当的另一个重任就是对海洋的水深进行测量，并根据水深测出海底地形。

大家一定会好奇，微波高度计不是监测海平面的吗？怎么又能测量海洋水深和海底地形了呢？

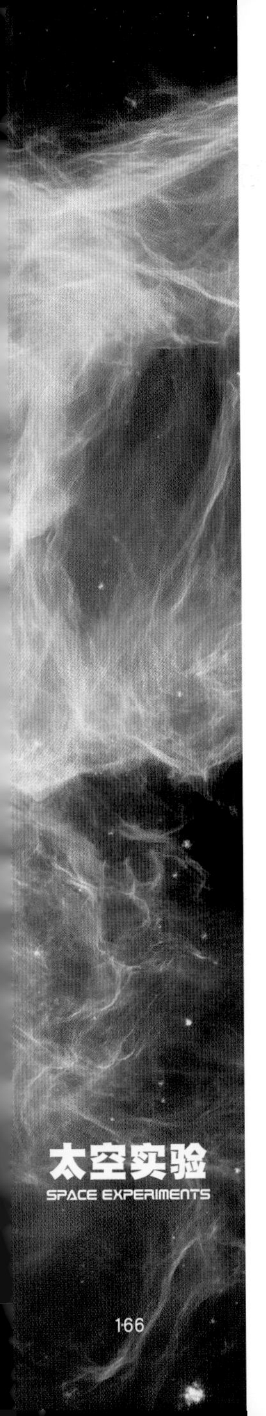

海洋水下环境往往可以反映到海平面的变化上，所以可以通过观测海平面的数据，测量海洋水深。知道了海洋水深，自然就能推演出海底的地形。

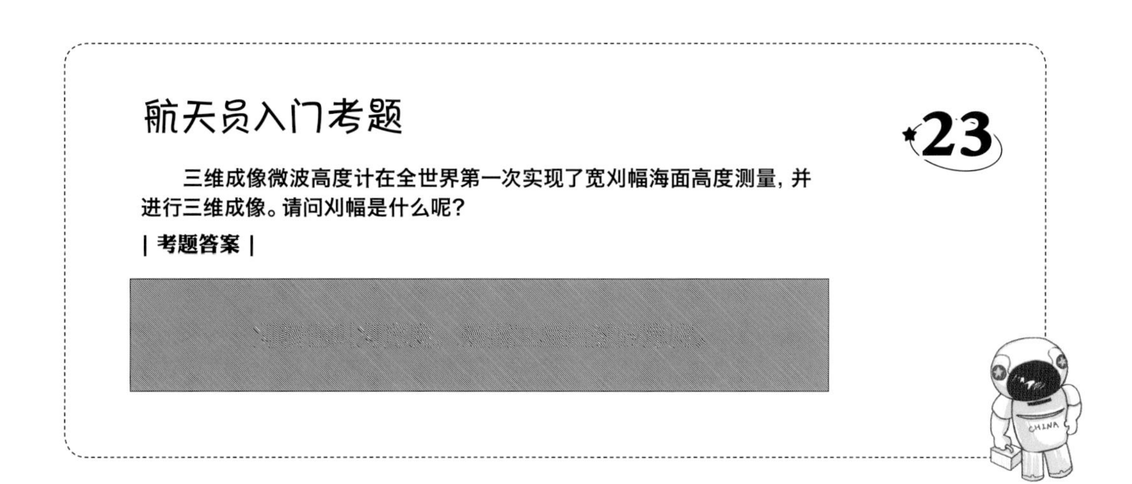

航天员入门考题

23

三维成像微波高度计在全世界第一次实现了宽刈幅海面高度测量，并进行三维成像。请问刈幅是什么呢？

| 考题答案 |

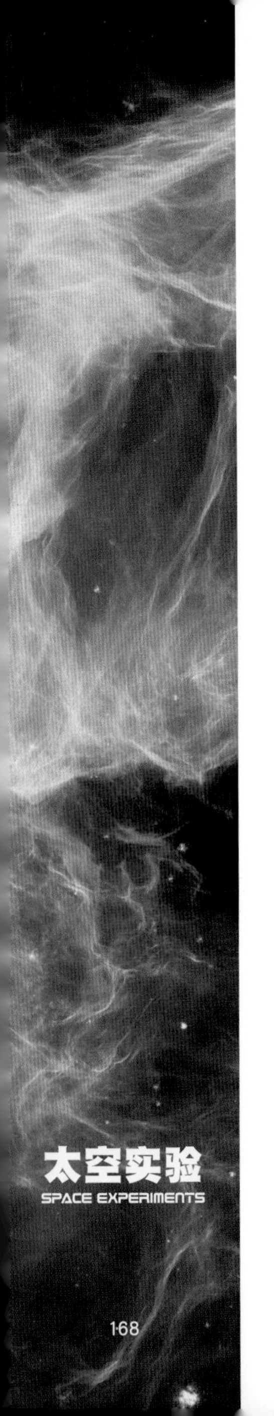

捕捉生物大灭绝的疑凶
天极望远镜

主讲人：申聪聪

北京航天飞行控制中心总体室助理工程师

天宫二号与神舟十一号载人飞行任务：天宫二号上行控制副主管设计师

说到望远镜，大家一定都不陌生，从普通的单筒望远镜、双筒望远镜，到天文爱好者酷爱的反射式天文望远镜，再到人类历史上第一座太空望远镜——哈勃空间望远镜，最后到我国自主研发的世界上最大单口径、最灵敏的射电望远镜——FAST（500米口径球面射电望远镜）。

单筒望远镜

双筒望远镜

反射式天文望远镜

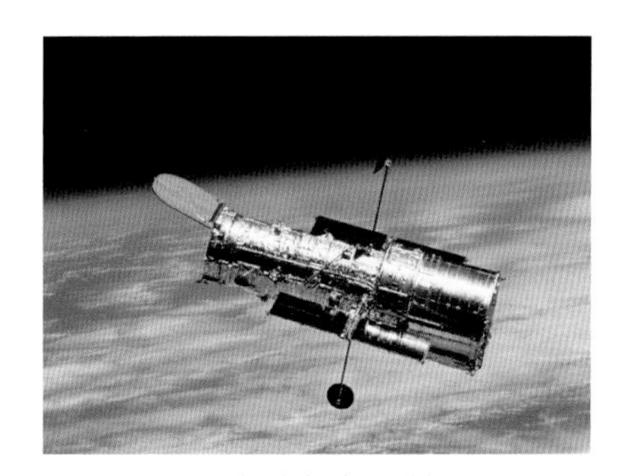
哈勃空间望远镜

中国自主研发的500米口径球面射电望远镜FAST，外号“超级天眼”

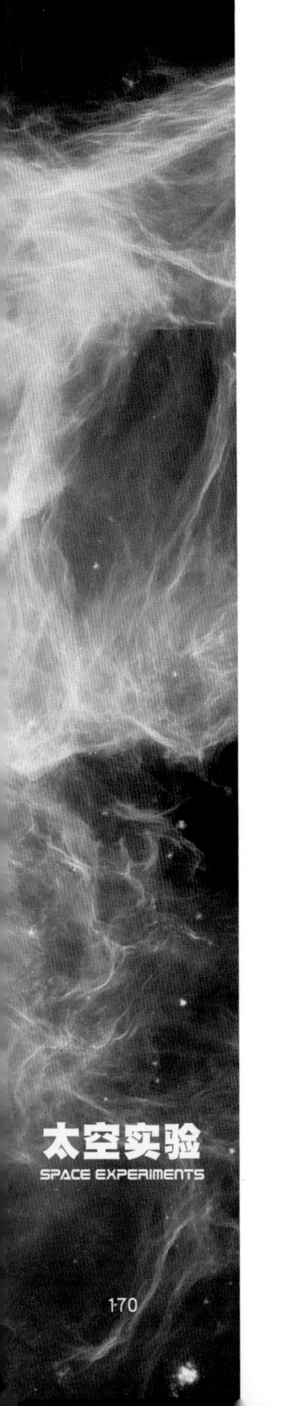

接下来，我要为大家介绍的是用来捕捉生物大灭绝疑凶的天极望远镜。作为天宫二号空间实验室上唯一的国际合作项目，天极望远镜可不是我们平时看的那种一般的望远镜，它的全名是天极伽马暴偏振探测仪，探测的是天文学最前沿的课题：宇宙伽马射线暴的起源和相关的物理过程。听起来是不是很高大上呢？

既然这么高大上，就一定会有人问：伽马射线暴是什么呀？

别着急，我们先了解下伽马射线。

伽马射线是什么

在我们的日常生活中，经常会听说有人去医院拍了X光，或者在机场、地铁站、动车站接受X光安检等。这里的X光和伽马射线就是同类。

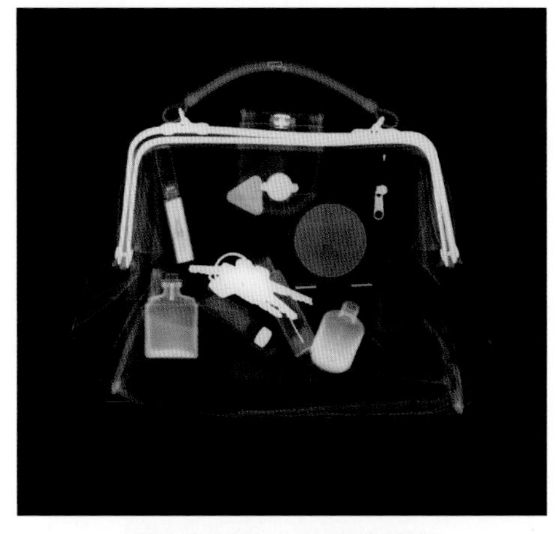

经过安检机X光照的提包

看到“经过安检机X光照的提包”以后，大家是不是更觉得伽马射线很神秘呢？

其实，伽马射线和我们眼睛能看到的可见光一样，都是电磁波。

说到电磁波就更容易理解了，它就像湖面的水波，振荡着向前传播。所以，伽马射线也是像水波一样，振荡着向前传播。只不过，伽马射线是波长最短、能量最强的电磁波，它的能量比可见光大数万倍甚至更多。

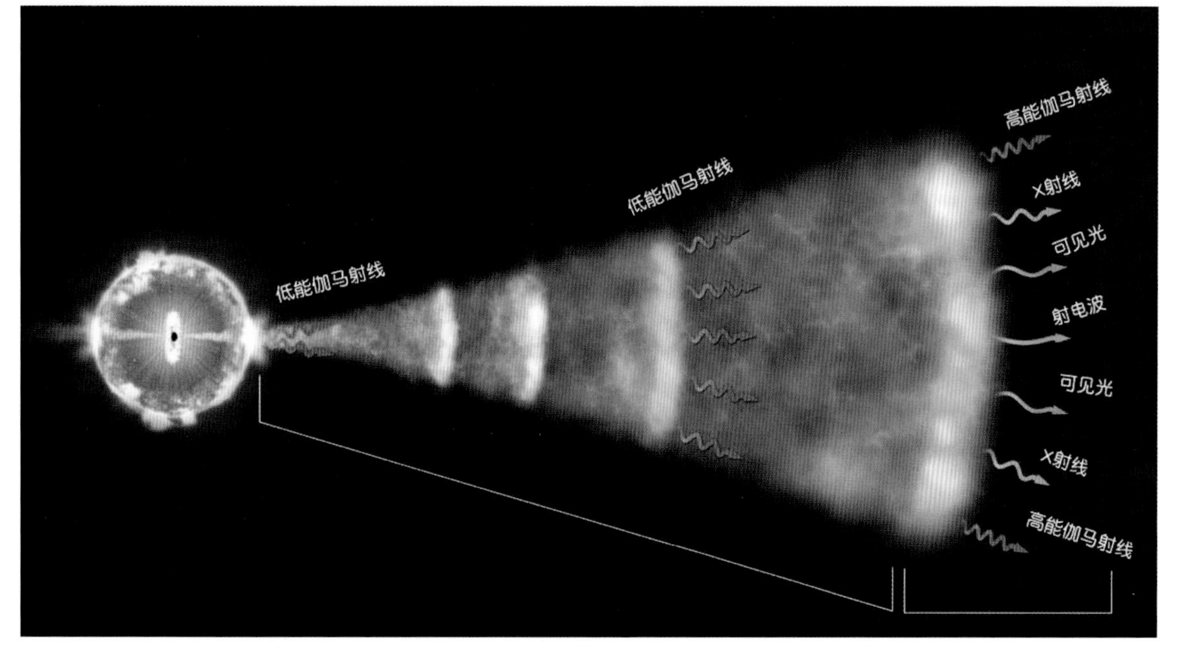

伽马射线

伽马射线这么强大的能量决定了它有非常强的穿透性。

我们来举一个例子，白天只要拉上窗帘，房间立刻就会暗下来。如果窗帘稍微厚一些，房间里就会变得像黑夜一样。这是因为窗帘有效阻挡了可见光进入房间。但是，如果我们想阻挡伽马射线进入房间，就不只是需要厚窗帘了，我们需要的是一堵厚实的墙壁，或者铅砖。

水波振荡着向前传播

伽马射线这种强大的穿透性让它可以轻易地进入人体内部，会对人体细胞造成破坏。幸运的是，我们有地球大气层这块天然屏障的保护，所以宇宙天体产生的各种伽马射线才无法到达地面毁灭地球生物。

同时，也因为有地球大气层，我们想探测宇宙产生的伽马射线和伽马射线暴，就只能在太空中依靠卫星来实现了。

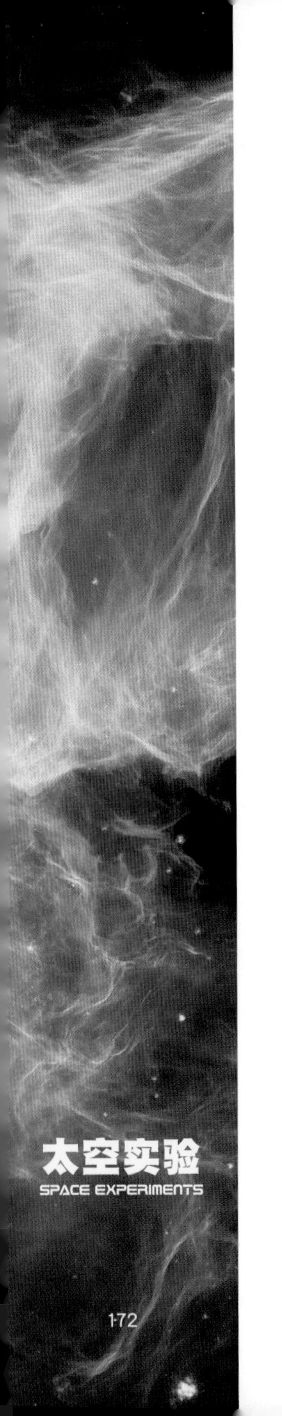

伽马射线暴是什么

伽马射线暴是宇宙中突然产生的伽马射线大爆发。科学家研究发现，伽马射线暴有可能导致地球在过去十亿年间出现了生物大灭绝事件，可谓是生物大灭绝的疑凶。

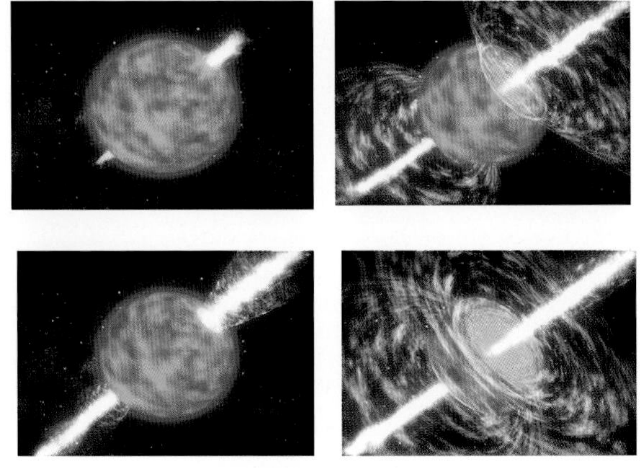

伽马射线暴过程图

从图中大家可以发现，伽马射线暴真的是宇宙中的壮观景象。那么，它是怎么出现的呢？主要有两个原因。

◎ 恒星最美的告别

也许我们怎么也联想不到夜空中的星星与伽马射线暴息息相关。我们用肉眼从地球看到的星星，大部分都是像太阳一样的恒星，有的甚至比太阳还要大几十倍，但不幸的是，它们的寿命要比太阳短得多。

我们都知道，恒星之所以会发光，是因为它在“燃烧”自己。当一颗恒星走过辉煌耀眼的一生，走到生命的尽头，开始衰老的时候，星体中心的燃料也就耗尽了。它再也不能产生足够多的能量来承担外壳巨大的重量。所以在外壳的重压下，星体的核心开始坍缩，物质将不可阻挡地向着星体中心进军，直到最后形成黑洞。

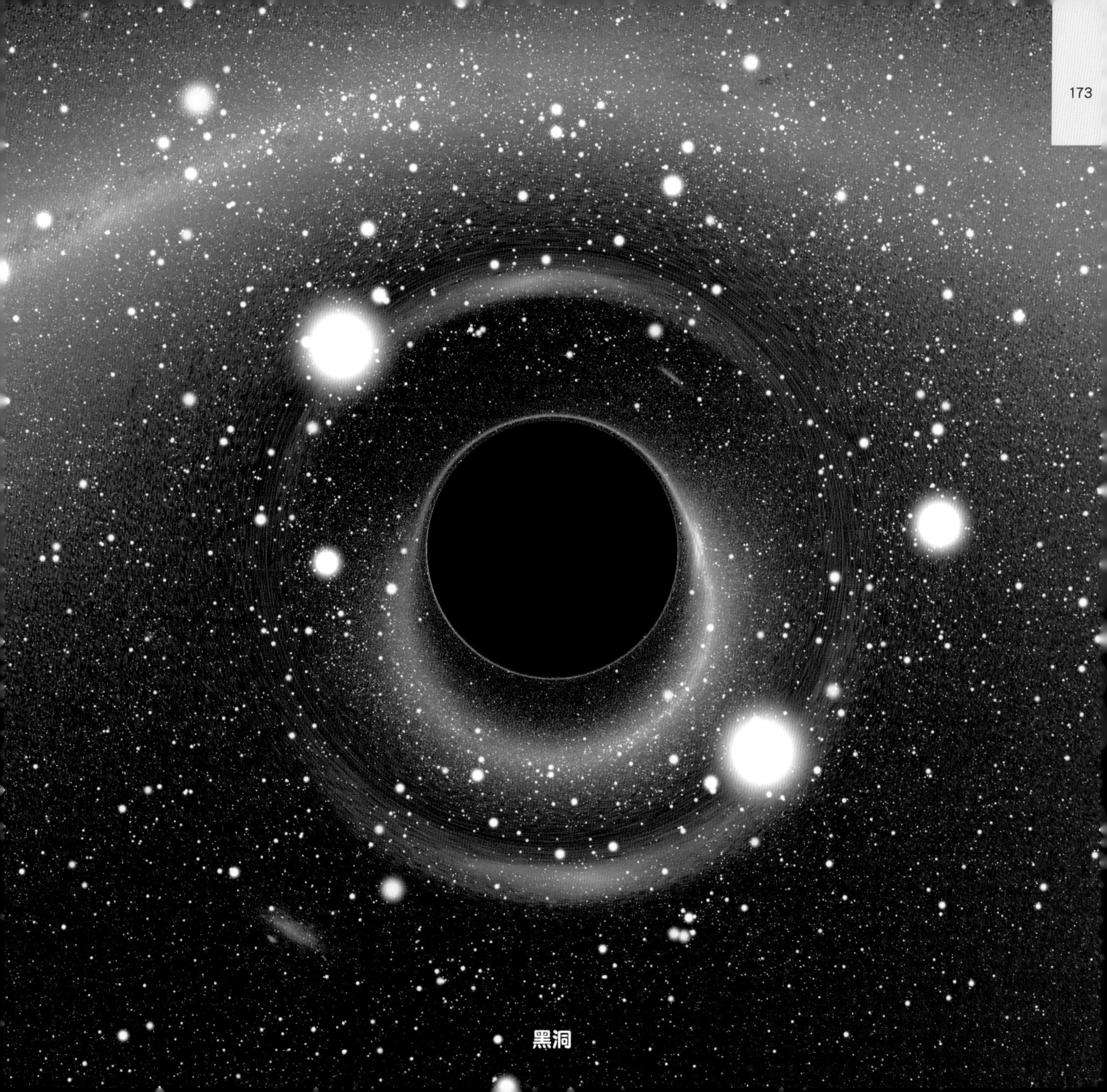

黑洞

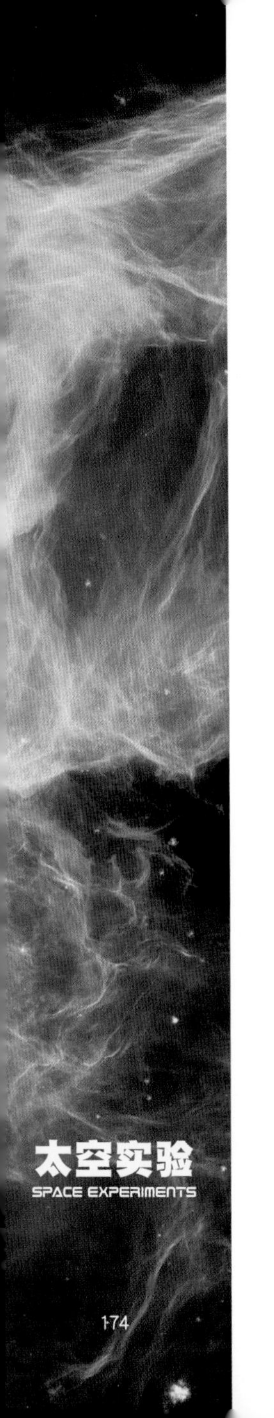

黑洞会疯狂地吞噬周围的物质。但是，并不是所有的物质都掉进黑洞里，部分物质会以光速喷发出来，形成宇宙中最绚烂、壮观的“烟花”。

这种美丽的宇宙“烟花”非常厉害，它会在“烟花”内部磁场的作用下产生极其强烈的伽马射线辐射。虽然持续时间很有限，长的不过几千秒，短的还不到0.01秒，但它的辐射能量相当于太阳上百亿年产生的辐射能量总和。

所以说，伽马射线暴就好比恒星最后的“生命之花”，把一生的辉煌都集中在这短短的一瞬间，用最美的绽放向宇宙作最后的告别。

◎ 两颗致密星碰撞合并

2016年2月11日，激光干涉引力波天文台合作组首次探测到了来自双黑洞合并产生的引力波信号。

引力波

这不仅证实了爱因斯坦在百年前的预言，而且科学家们估计，两颗致密星（比如黑洞）碰撞合并的过程，不仅能产生引力波暴，很可能也会产生伽马射线暴。

令人遗憾的是，激光干涉引力波天文台目前已经探测到三例双黑洞系统产生的引力波暴，但是还没有探测到对应的伽马射线暴。

所以，未来几年，经过天宫二号空间实验室检验的“天极望远镜”——天极伽马暴偏振探测仪将监测搜索引力波暴对应的伽马射线暴。如果它非常幸运地探测到这种方式产生的伽马射线暴，毫无疑问，将有助于人类揭开宇宙伽马射线暴的起源之谜。

天极望远镜有多厉害

作为国际上最灵敏的伽马射线暴偏振探测仪，天宫二号空间实验室搭载的天极望远镜的探测效率比国际同类仪器高几十倍。预期它将运行两年，可以探测到大约100个伽马射线暴。这将为人类更好地了解宇宙中极端天体物理环境下最剧烈的爆发现象做出重要贡献。

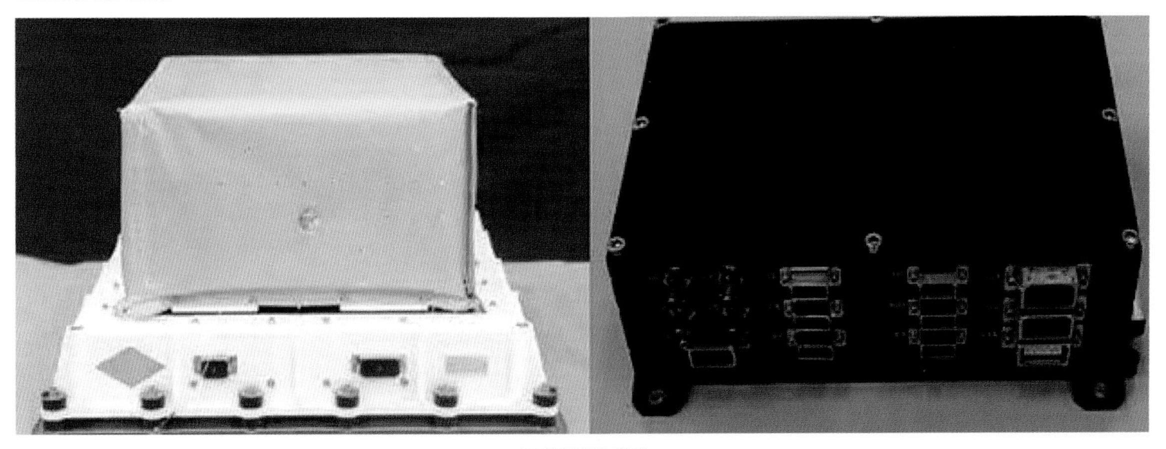

天极望远镜

天极望远镜（天极伽马暴偏振探测仪）项目由中国科学院高能物理研究所牵头，瑞士的日内瓦大学、瑞士的保罗谢尔研究所和波兰的核物理研究所参与，是天宫二号空间实验室上唯一的国际合作项目。

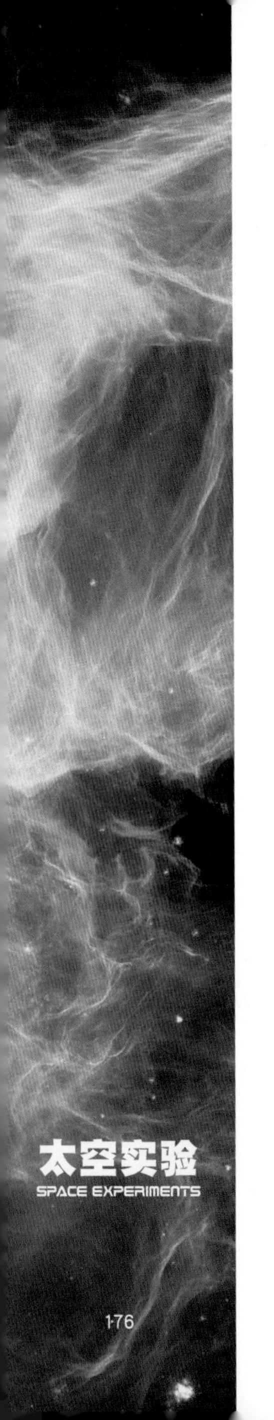

想知道天极望远镜为什么这么厉害，首先就要了解天极望远镜。

天宫二号空间实验室搭载的天极望远镜主要由两个单元组成，分别是偏振探测器和电控箱。

电控箱安装在天宫二号空间实验室的舱内，主要任务是为偏振探测器提供低压电源、控制数据传输以及和卫星平台应用系统之间进行通信等。

天极望远镜的偏振探测器示意图

天极望远镜的电控箱示意图

偏振探测器安装在天宫二号空间实验室的舱外，背对地球，指向天空，这样使它可以有效地捕捉到伽马射线爆发过程中产生的伽马光子，并测量它们的偏振性质。

为什么要测量伽马射线暴的偏振

因为通过伽马射线暴的偏振可以知道伽马射线暴喷出来的物质是什么，伽马射线暴内部的磁场结构又是怎样的。知道了这两样，科学家就可以反推出产生伽马射线暴的黑洞和它周围物质的性质。这样就可以帮助科学家研究很多问题。

为了测量伽马射线暴的偏振，科学家们为天极望远镜特别设计了一个探测器阵列。

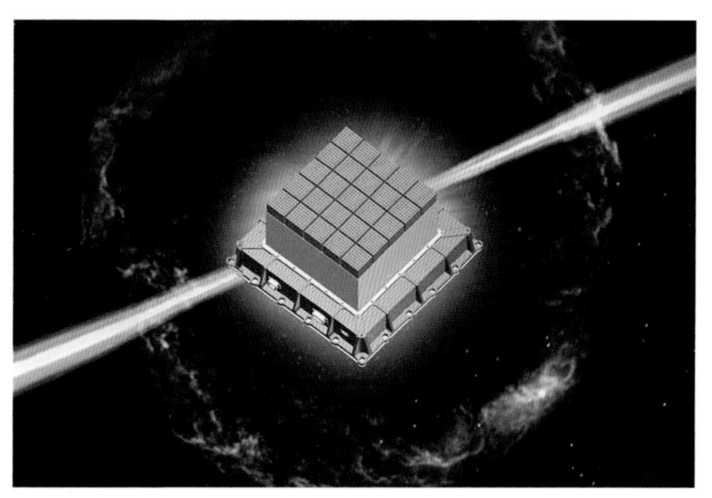

天极望远镜的偏振探测器阵列示意图

这个探测器阵列一共使用了1600根塑料闪烁棒。特别提醒大家，这可不是普通的塑料哦，这种特殊的材料有个非常神奇的地方，那就是只要伽马射线进入这种材料，这种材料就会发出荧光。

有好奇的小伙伴会问，为什么要组一个阵列呢，一个不行吗？

在这里，我们要告诉大家的是，这个阵列可不是单纯为了以多取胜，它是非常讲究的。也许见多识广的小伙伴已经发现了，这个阵列很像一种昆虫的复眼。

这种昆虫就是蜜蜂。

蜜蜂的复眼

蜜蜂的复眼有什么厉害的地方

一只蜜蜂有五只眼睛，其中三只是单眼，另外两只是复眼。这两只复眼特别不简单，每只复眼包含6300只小眼。这些小眼能根据太阳的偏振光确定太阳的方位，然后以太阳为定向标来判断方向。

因此，蜜蜂无论是外出采蜜还是回巢，都不会迷路。

现在，我们知道蜜蜂的复眼有多厉害了吧。虽然天极望远镜的偏阵探测器阵列跟蜜蜂测量偏振的原理不同，但在“眼睛”构造上的确有异曲同工之处。

航天员入门考题

★24

为了最大限度地捕捉伽马射线暴，天极望远镜将在条件允许的情况下尽量多地开机运行，犹如辛勤的小蜜蜂，不知疲倦地寻找宇宙中最壮丽的恒星“生命之花”。请问，为什么只有尽量多地开机运行，才能最大限度地捕捉伽马射线暴呢？

| 考题答案 |

空间环境分系统

航天员和航天器如何避险

主讲人：申聪聪

北京航天飞行控制中心总体室助理工程师

天宫二号与神舟十一号载人飞行任务：天宫二号上行控制副主管设计师

天宫二号空间实验室搭载的空间环境分系统主要用于实时监测天宫二号空间实验室轨道上的辐射环境和大气环境，监测舱外16个方向的带电粒子的强度和能谱，以及轨道大气密度、成分及其时空变化与空间环境污染效应等。

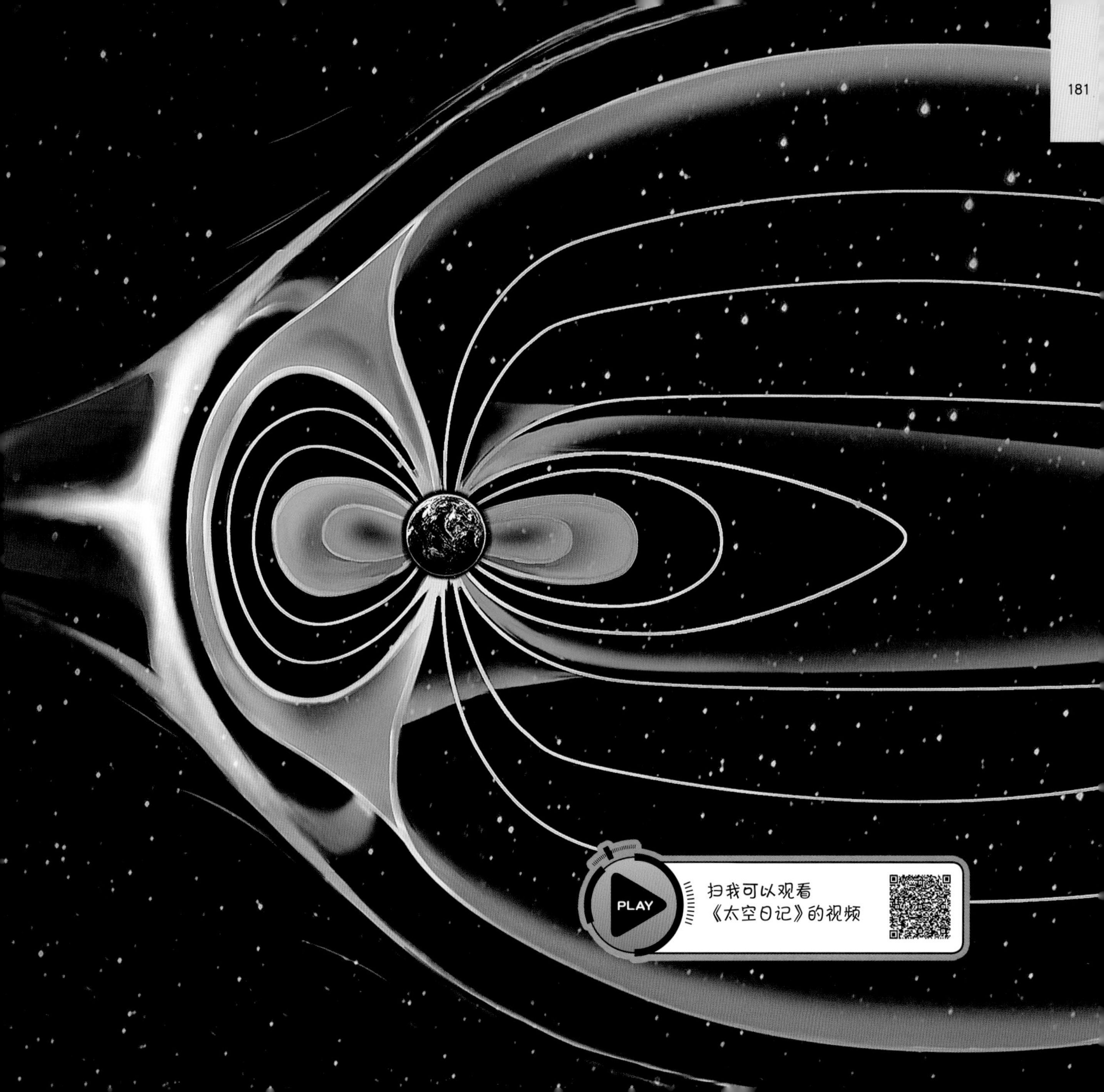
PLAY
扫我可以观看
《太空日记》的视频

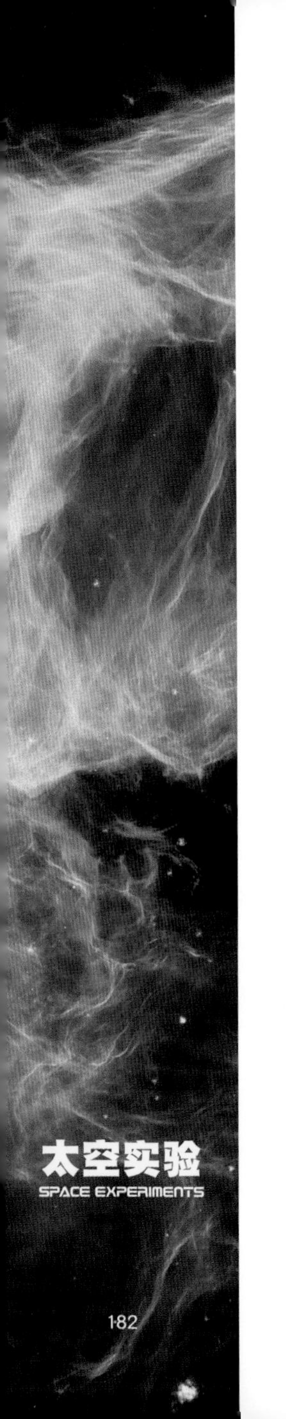

上天后可不比在地球，航天员与航天器时刻面临着来自太空的各种风险。比如，在太空中能量很高的带电粒子辐射，可能导致航天器的材料性能下降或者损坏，也可能会破坏航天员的器官组织，严重的时候，甚至会使航天员有生命危险。

这个时候，就需要发挥空间环境分系统的作用，使用它为天宫二号空间实验室和航天员保驾护航。

那么，能为天宫二号空间实验室和航天员保驾护航的空间环境分系统到底是个什么东西呢？

空间环境分系统是什么

空间环境分系统是空间环境监测及物理探测分系统的简称。

它由带电粒子辐射探测器、轨道大气环境探测器和空间环境控制单元这三台仪器组成。

带电粒子辐射探测器

轨道大气环境探测器

空间环境控制单元

空间辐射警卫员：带电粒子辐射探测器

在带电粒子辐射探测器身上，一共有16个像小柱子一样的探头，在这些探头的帮助下，带电粒子辐射探测器可以顺利捕获天宫二号空间实验室飞行轨道上的高能带电粒子，从而实现天宫二号空间实验室舱外16个方向的电子、质子等带电粒子的强度和能谱监测。

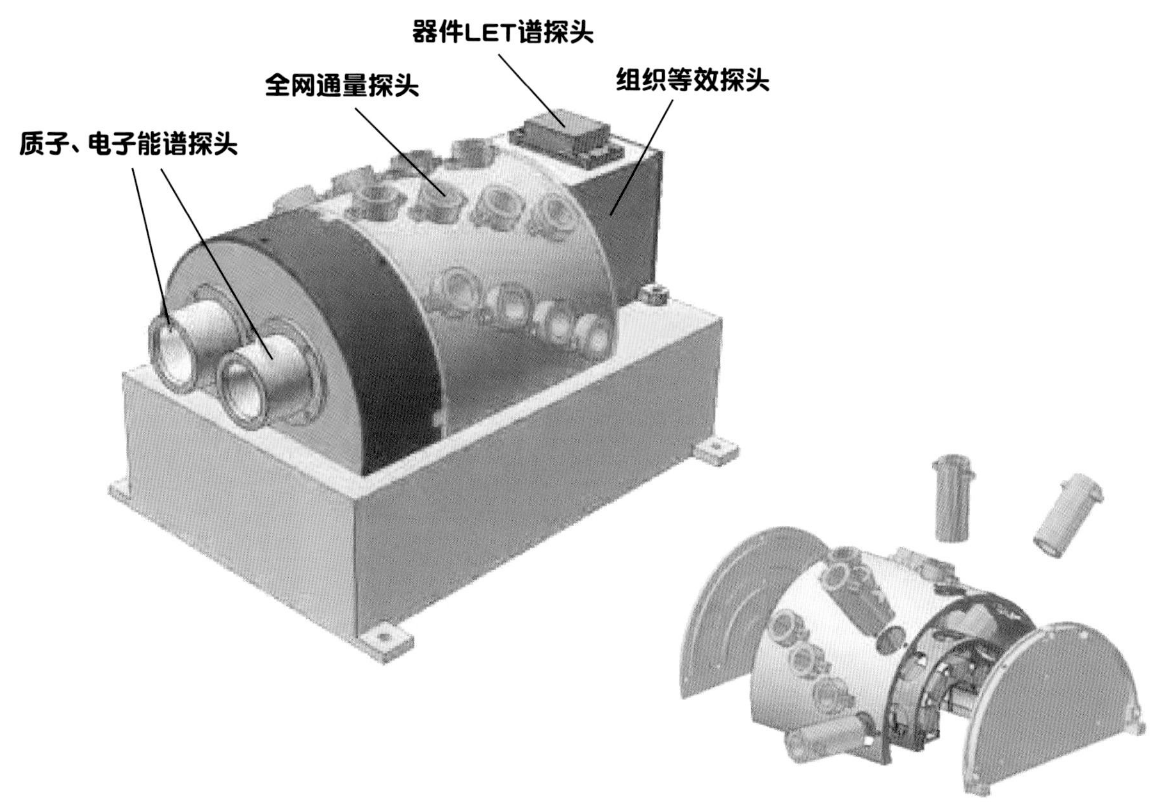

带电粒子辐射探测器示意图

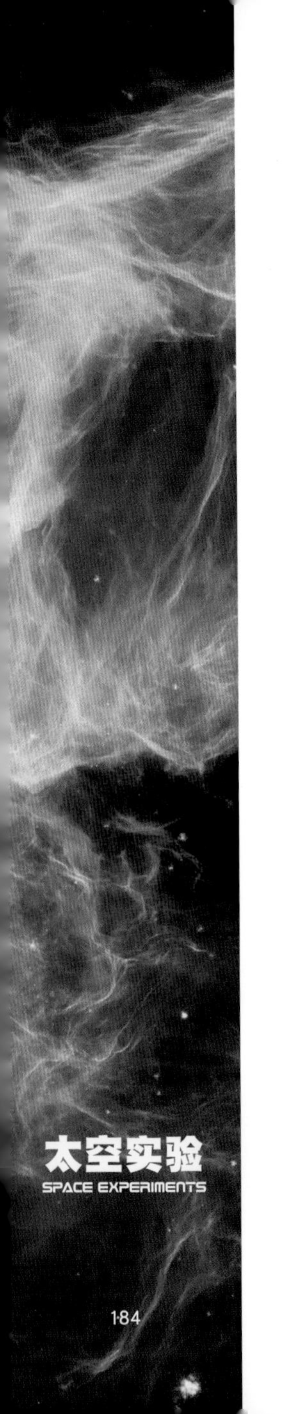

为什么要监测宇宙中的带电粒子呢？

航天员搭载航天器进入太空以后，他们就脱离了地球环境，进入了一个空间环境。这个空间环境指的是高能带电粒子组成的辐射环境和航天器轨道高度的大气环境等。

说到高能带电粒子组成的辐射环境，大家立刻就会感觉到危险。因为辐射在地球上产生的危害，我们大家都有所了解，比如日本的福岛核辐射危机就曾经引起很大的恐慌。

在太空中，带电粒子的辐射能量很高，对于航天器来说，可能导致它的材料性能下降或损坏；对于航天员来说，可能破坏航天员的器官组织，严重时甚至会威胁生命。

所以，我们就需要带电粒子辐射探测器的帮助。

轨道侦察兵：轨道大气环境探测器

说到大气环境，首先想到的就是大气对航天器产生的阻力。一方面，大气阻力可能会导致航天器的轨道下降，甚至寿命降低；另一方面，大气的扰动会使航天器的定轨精度下降。

当航天器飞行到太空以后，飞行轨道周围的大气会对航天器产生阻力，尤其是遇到大气扰动剧烈的时候，航天器甚至可能有提前陨落的风险。

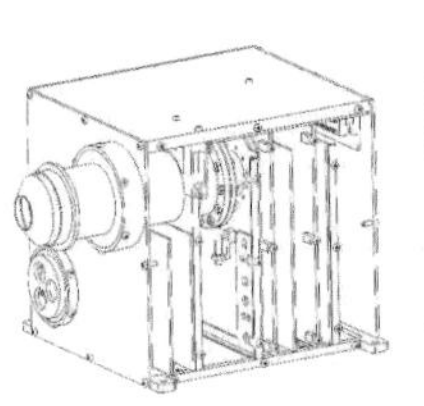

轨道大气环境探测器示意图

除了大气对航天器产生的阻力以外，大气中的氧原子还具有非常强的氧化能力。这种氧化能力会破坏航天器表面的材料，让材料的性能下降。同时，大气里的微小颗粒也会附着在航天器表面，特别是光学器件，更容易被微小颗粒附着，引起器件污染，使器件性能减弱。

所以，我们需要轨道大气环境探测器扮演轨道侦察兵的角色，为天宫二号空间实验室和神舟十一号飞船保驾护航。

怎么样，是不是觉得天宫二号空间实验室很厉害呢？它搭载的空间环境分系统在国际上可是处于非常领先的地位。在辐射环境探测方面，天宫二号空间实验室搭载的带电粒子辐射探测器的分辨率比美国GOES卫星搭载的能量粒子探测器的分辨率优异；在轨道大气环境探测方面，目前国际上还没有将大气密度、大气成分以及微质量监测集成的综合探测器。

因此，天宫二号空间实验室上的轨道大气环境探测器在国际上也处于领先地位。

航天员入门考题

地球被一层很厚的大气层包围着，整个大气层随高度不同，分为对流层、平流层、中间层、暖层和散逸层，再上面就是星际空间了。国际航空联合会为大气层和太空设定了一条界线，叫卡门线。卡门线外就是太空。请问，卡门线的高度是多少？

| 考题答案 |

默默无闻的领航员

综合精密定轨系统

主讲人：朱峰登

北京航天飞行控制中心总体室助理工程师

天宫二号与神舟十一号载人飞行任务：神舟十一号上行控制主管设计师

从天宫二号伴随卫星实验，到高等植物培养、空间冷原子钟、液桥热毛细对流、量子密钥分配、三维成像微波高度计等实验，我们认识到了非常多由中国研发的“神器法宝”，现在就要给大家介绍一件“终极神器”。不仅仅是天宫二号空间实验室里的一大批实验，就连天宫二号空间实验室本身，也离不开这件“终极神器”的保障。

那么，它是什么呢？

它就是综合精密定轨系统。

什么叫综合精密定轨

综合精密定轨就是跟踪、测量天宫二号空间实验室的各种信号，并把这些高精度的跟踪测量信号记录下来，然后通过一系列的算法，计算出它的精确位置和速度。

当天宫二号空间实验室在飞行的时候，地面上的人是不知道它在以什么样的轨道来飞行的。这个时候，我们需要通过很多很多的地面站，还有各种各样的测量设备，包括路基、海基、天基的测量设备，去测量出它当前的轨道。

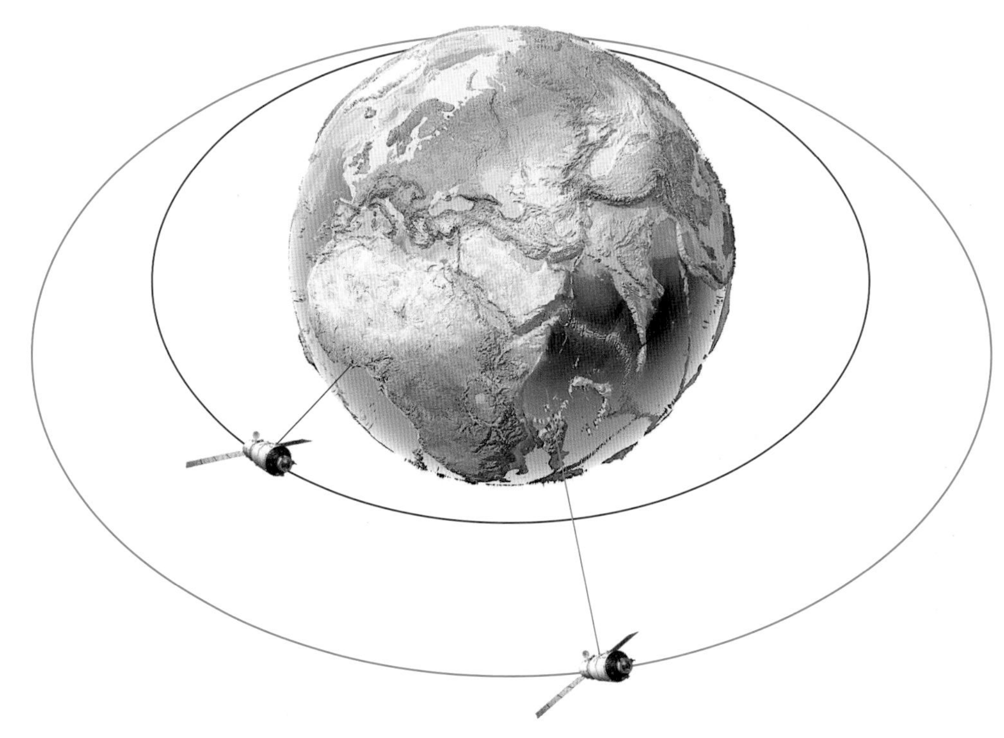

综合精密定轨示意图

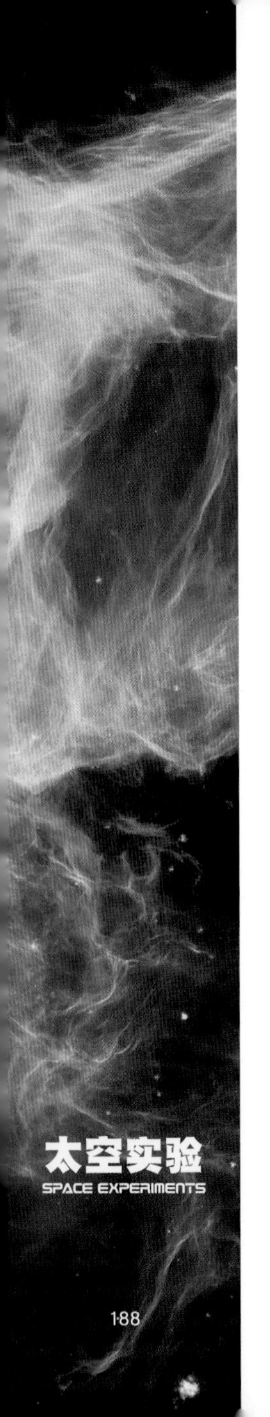

航天远洋测量船

路基测控站

怎么理解这种跟踪测量呢?

我们举个例子。比如，你在路上开车，然后被交警拍下了第一张照片，紧接着在下一个拍照点又被拍了第二张照片。这样，交警就能知道你从第一个拍照点到第二个拍照点的路程，一共花了多长时间。但是，这种跟踪、测量有一定的误差。

因此，在天宫二号与神舟十一号载人飞行任务中进行的综合精密定轨实验，就是通过各种各样的技术手段，尽量减少误差，研究怎么样提高测定航天器飞行轨道的精度。

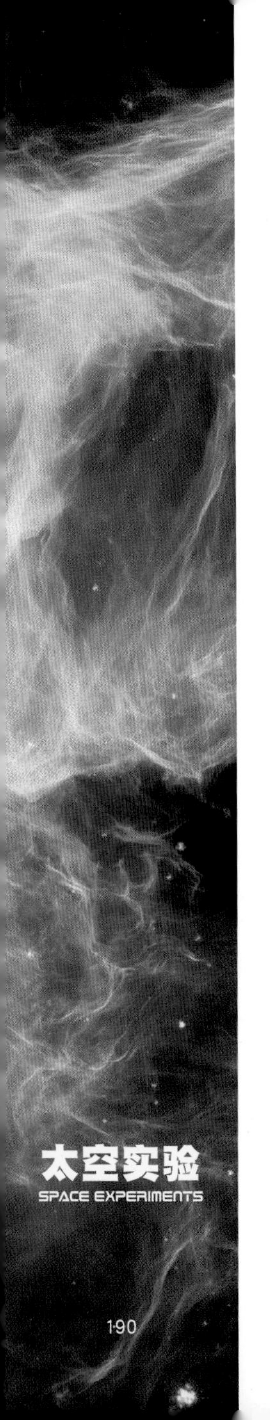

为什么要精密定轨

◎ 获取高精度的航天器轨道状态和时间信息

天宫二号空间实验室和神舟十一号飞船组合体在离地球将近400千米的轨道上运行的过程中，受力情况非常复杂。它会不断受到地球引力、日月引力、高层大气阻力、太阳光压力、太阳风等影响，使得飞行轨道发生各种各样的变化。

通过精密定轨，我们就可以获取高精度的航天器轨道状态和时间信息，然后仔细研究上面提到的这些受力情况，从而设法建立更加准确的轨道运动模型。

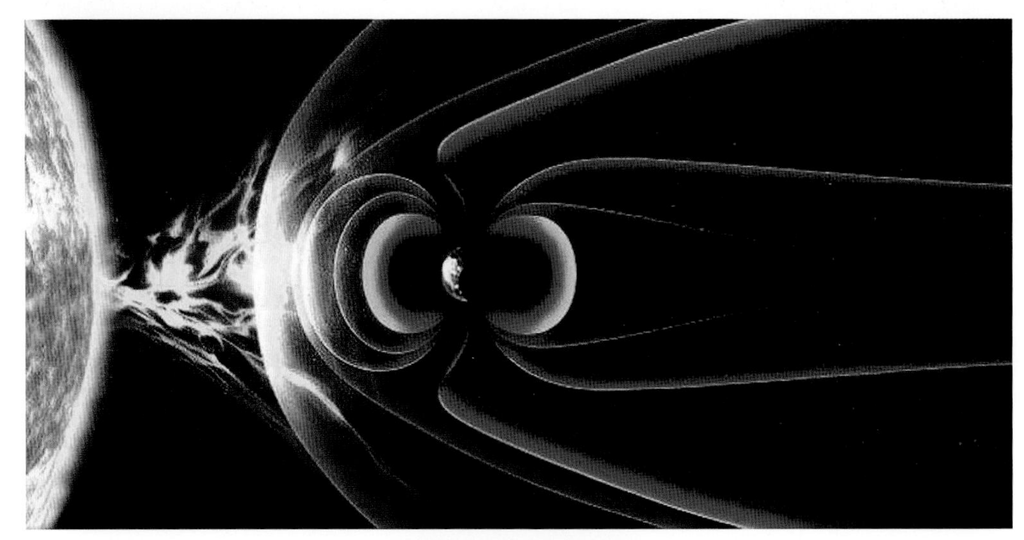

太阳风和地球磁力层

本书第三编《太空实验》部分图片取自《绚丽天宫：九霄上的实验室》，经科学出版社授权许可使用。

终因能力有限，始终无法找到本书部分配图的摄影师 / 设计师。在此，首先致以歉意，敬请见本书后与选题产品策划机构联系，以便敬奉稿酬。

◎ 为天宫二号空间实验室上的一大批空间科学与技术实验提供保障

我们在进行大气、海洋研究的时候，卫星会对地表进行拍摄，拍摄大气云图、海洋情况等。但是，如果我们连卫星在什么位置都不知道，那么我们拍到的照片就没有意义。因为我们都不知道卫星初始的拍摄点，就算拿到卫星照片也不知道它拍到的是哪一个地区，或者就算我们对应到了是哪一个地区，但是对实际的科学计算而言，价值也会因为缺乏准确度而大大下降。这种情况下，我们的定轨精度越高，整体的科研效果就越好。

再打个比方，大家可能就更加明白了。很多喜欢用手机自拍的小伙伴经常会有一些烦恼，就是手机里面拍摄的照片缺少了时间、地点等信息。这个时候，如果有综合精密定轨系统的保障，手机拍下的照片连在哪条街、哪个角度，甚至是站在哪块地砖上拍的，都有记录。是不是很厉害呢？

现在，在综合精密定轨系统的帮助下，我们不仅能为航天器领航，还能够间接地研究我们地球的大气模型，以及太阳的整体变化情况。

地球卫星云图

我 们 的 征 途　是 星 辰 大 海

扫我可以观看《太空日记》的视频

第④编

中国最权威的幕后航天人

天马行空33天

CHINA AEROSPACE

33天是他们坚守任务的时间
33天是他们陪伴我们的时间
神舟十一号是全新的起点
航天梦是他们坚守一生的理想

轨道室

神舟是怎样追上天宫的

天宫二号空间实验室和神舟十一号飞船随火箭发射升空后，是谁在控制它们的飞行轨道呢？后进入太空的神舟十一号飞船又是怎样追上天宫二号空间实验室的呢？答案就藏在北京航天飞行控制中心。

这里是我国载人航天飞行任务中航天器飞行控制的神经中枢，从布阵三大洋的远望号航天远洋测量船，到遍布全球的路上测控站，所有的指令都从这里发出，所有的数据都在这里汇聚。

现在，让我们跟随号称“太空穿针引线人”的谢剑锋，走进北京航天飞行控制中心，推开轨道室神秘的大门。

谢剑锋 北京航天飞行控制中心（简称飞控中心）轨道室主任，外号“太空穿针引线人”，在飞控中心工作了二十余年。他参与了历次载人航天和探月工程任务，是一位积累了丰富经验的老航天人。

在天宫二号与神舟十一号载人飞行任务中，为了完成太空上的“穿针引线”，让两个航天器在太空准确对接，谢剑锋带领他的团队，在地面上攻关，将每一个数据、每一次计算、每一次控制都做到准确无误。

轨道室在航天飞行任务中做什么

航天器发射以后，布设在全世界的陆上测控站、海上航天远洋测量船、跟踪与数据中继卫星等航天测控站会把对航天器的测量数据传给轨道室。轨道室要立刻用传回来的测量数据，计算出航天器的运行轨道，并把它接下来会怎么飞行也预报出来。

陆上测控站

海上航天远洋测量船

跟踪与数据中继卫星

当然，这只是轨道室的第一项工作任务。它的第二项工作任务是根据飞船当前的飞行轨迹，以及它要前往的目标，比如神舟十一号飞船现在要去跟天宫二号空间实验室对接，我们就要把神舟十一号飞船怎么去跟天宫二号空间实验室对接，以及怎么一步一步控制它去跟天宫二号空间实验室对接，准确无误地计算出来。

根据第一项和第二项工作任务获得的数据、预报，轨道室就有了第三项工作任务，那就是对航天器飞行过程中要做什么事，进行一系列规划。

轨道室为神舟十一号飞船与天宫二号空间实验室交会对接设计的预定方案是怎样的

神舟十一号飞船与天宫二号空间实验室在太空的交会对接，是轨道室面临的一项严峻考验。

天宫二号空间实验室

神舟十一号飞船发射入轨以后，几次轨道控制，包括后面转为自主控制以后，它的行动都是按照轨道室的预定方案，一步一步进行，直到最后接近完美的对接。

按照轨道室设计的预定方案，飞船发射入轨以后，会到达距离天宫二号空间实验室大概3000千米的地方，但是高度要比天宫二号空间实验室低一些。这样一来，飞船运行的速度才会比天宫二号空间实验室更快。所以飞船是逐步地去追天宫二号空间实验室。

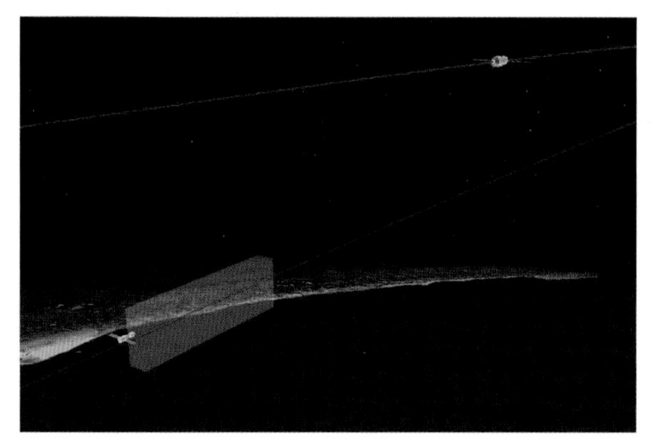

飞船入轨后与天宫二号空间实验室的相对位置示意图

飞船追逐天宫二号空间实验室轨道示意图

同时，在轨道室的预定方案中，会控制飞船把轨道逐步抬高，使得飞船在天宫二号空间实验室转为自主控制的时候，能够到达跟天宫二号空间实验室相距50千米左右的位置，这是一个比较适合飞船转为自主控制的位置。

飞船转为自主控制以后，通过寻找对接目标、接近，以及最后的平移靠拢，实现飞船与天宫二号空间实验室的对接。

飞船向天宫二号空间实验室接近示意图

飞船向天宫二号空间实验室靠拢示意图

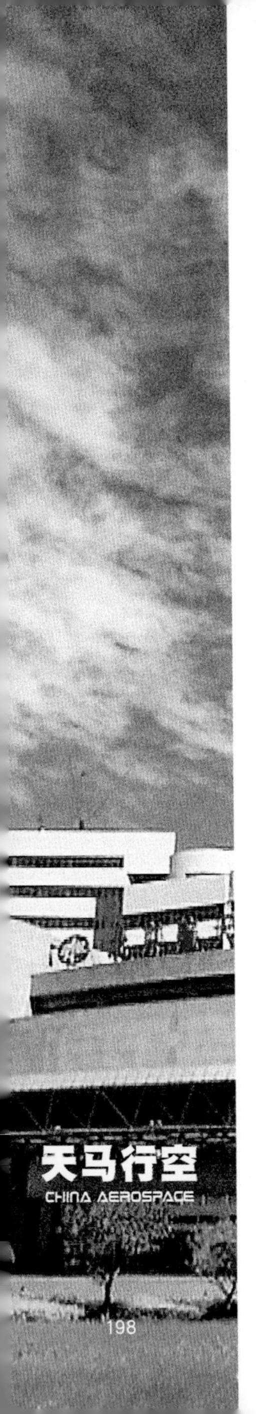

神舟十一号飞船太空飞行任务在轨道控制方面做了哪些改进

这次神舟十一号飞船采用的是高度393千米的轨道。

首先，我们轨道室会对393千米轨道的定轨精度做一系列分析，为后面的交会对接、远距离导引打下基础。

其次，我们会对轨道控制的方案进行一些调整，因为跟原来的轨道不一样了，监控的圈次都变了，控制量也都变了。在这种存在控制误差的情况下，控制精度等方面还能不能满足任务的要求，都需要做复核。

最后，我们还必须针对可能出现的应急情况，重新设计相应的对策。

航天员在太空可以看到国际空间站吗

很多人都会好奇，航天员在太空中能不能看到国际空间站，并跟国际空间站里的国际友人打招呼。

国际空间站

扫我可以观看
《太空日记》的视频

航天器飞行的不同轨道面示意图

这几乎不可能。因为国际空间站和神舟十一号飞船的轨道，不是在一个面内。

这两个航天器是在两个不同的轨道面内运行的，它们的相对位置离得很远。即使是很近的时候，因为它们的相对速度特别快，每秒钟飞行十几千米，所以在这种情况下，就算国际空间站从神舟十一号飞船的两名航天员眼前飞过去，也是一闪而过，肉眼根本就看不到。

天马行空33天

关键控制
天地之间怎样排兵布阵

在天宫二号与神舟十一号载人飞行任务中，天上的航天器需要进行很多的控制，航天员要进行很多的操作，地面要向太空发送成千上万条指令。那么，我们要怎样统筹安排，怎样进行天地之间的排兵布阵，成千上万条发往太空的指令又由谁来负责呢？

现在，我们给大家介绍北京航天飞行控制中心的一对老搭档，他们将告诉我们这些问题的答案。

朱华（左）和周占永（右）

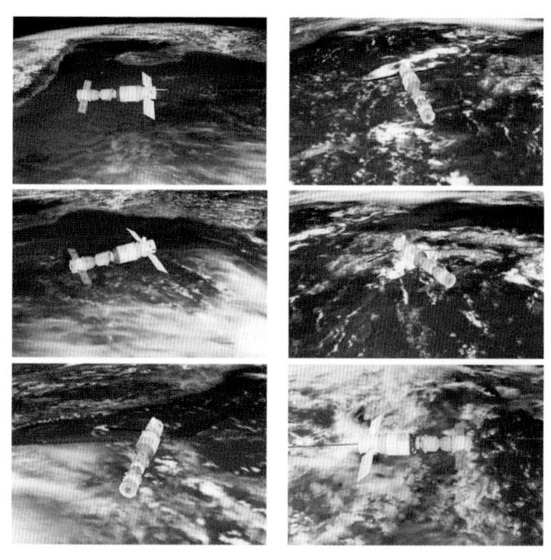

神舟十一号飞船和天宫二号空间实验室组合体从倒飞姿态转为正飞姿态

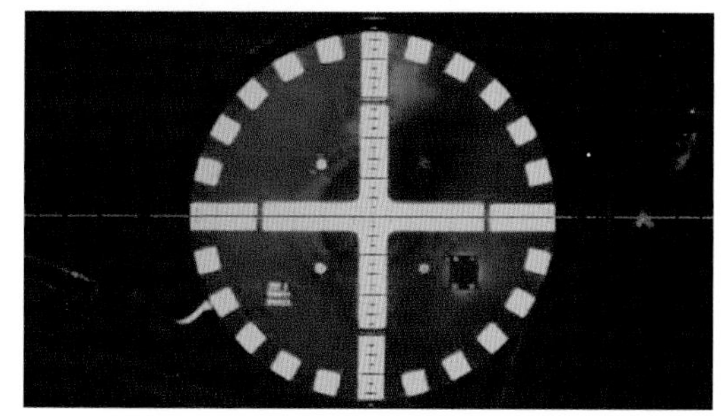

神舟十一号飞船和天宫二号空间实验室对接中的关键控制

朱华，北京航天飞行控制中心总体室高级工程师，外号大侠。在天宫二号与神舟十一号载人飞行任务中，他的工作主要是两个方面。

第一个方面是安排飞行任务中那些关键控制的执行时机。这些关键控制包括航天器在太空变换飞行轨道、航天器太空对接、航天器飞行姿态调整、航天器组合体分离，以及航天器返回等。

比如，神舟十一号飞船和天宫二号空间实验室组合体要在太空中进行飞行姿态调整，在什么时候调整，向航天器发送什么指令，什么时候发送，这些都需要朱大侠来统筹安排。听上去，这份工作是不是很酷呢？

朱大侠第二个方面的工作内容也很酷，那就是为航天器在太空对接提供实施上的支持，而地面的支持就是测控网。

这两个方面的工作非常多，朱大侠当然不可能一个人做完，他需要别的同事来配合，比如他的老搭档周占永。

周占永，北京航天飞行控制中心轨道室高级工程师。他和朱大侠从神舟二号航天飞行任务开始，一直合作到天宫二号与神舟十一号载人飞行任务，历经十六年。

这对老搭档在工作中互相配合，互相补台。朱大侠主要是来设定那些关键控制的实现方案，以及具体实施上的原则。周占永就负责把这些方案和原则用软件来实现。

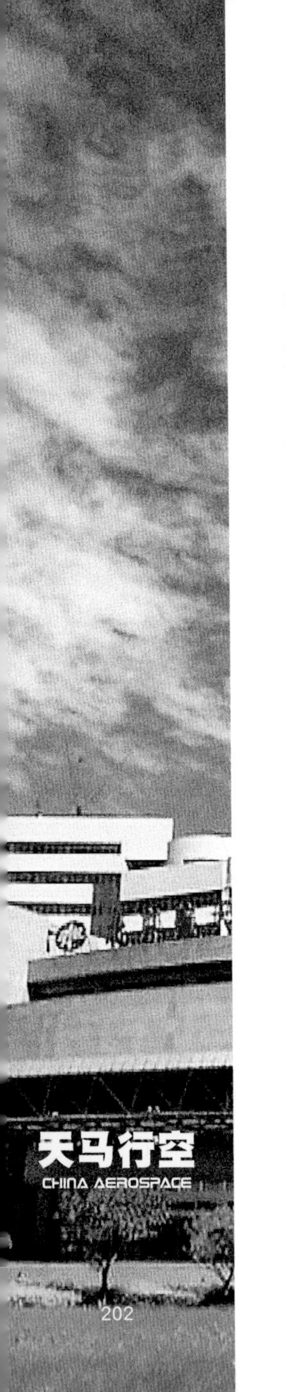

如果要问：“十六年航天生涯中最难忘的任务是什么？”

“神舟八号航天飞行任务。”这是大侠朱华和周占永给出的确定回答。

神舟八号飞船的主要任务是在太空和天宫一号目标飞行器对接。这是中国航天史上进行的第一次太空交会对接。对我们的航天人来说，这是一个未知的领域，但是航天人们要把未知的变成已知的，对朱华和周占永这对老搭档来说，也是如此。他们为这次注定要打破历史的“太空之吻”做了很多计划，然后一遍一遍地顺，一套计划下来，竟然有两万多条需要发出的指令。

大家知道吗？航天飞行任务当中可能只有一个小时，其中就涉及好几十种模式，几十万条指令。这就需要朱华和周占永这对老搭档，以及他们同岗位、同专业的人，一起消解冲突，把模式与指令有机地组合在一起，最后形成一个最周密、最优化的最终计划来实施。

神舟八号飞船和天宫一号目标飞行器交会对接

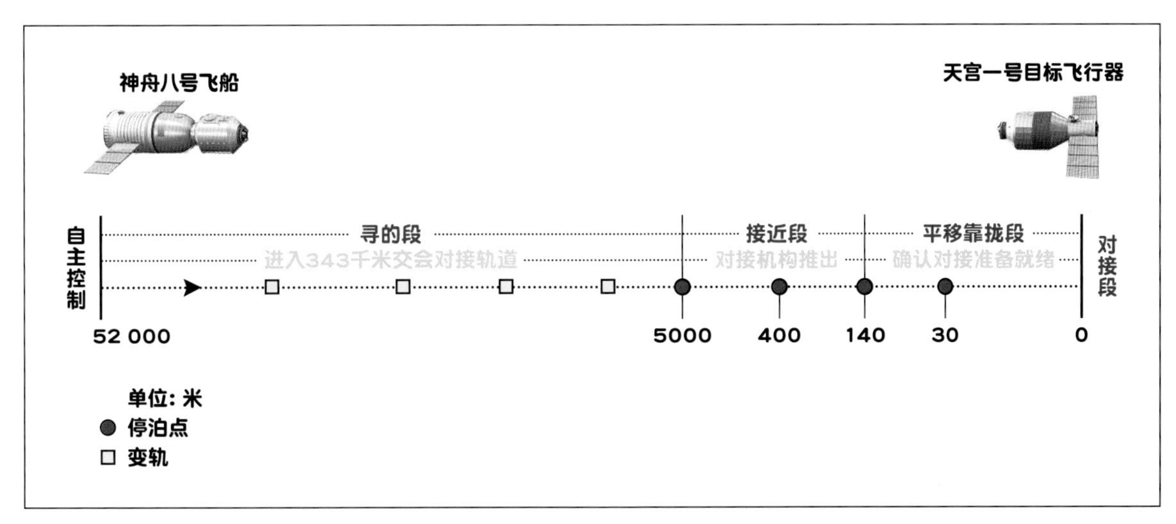

神舟八号飞船和天宫一号目标飞行器对接中的关键控制示意图

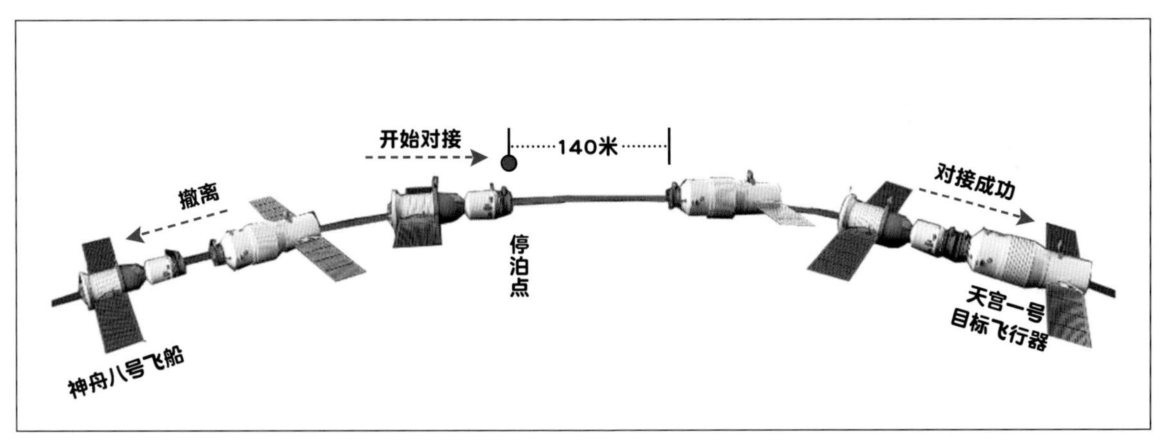

神舟八号飞船和天宫一号目标飞行器第二次对接中的关键控制示意图

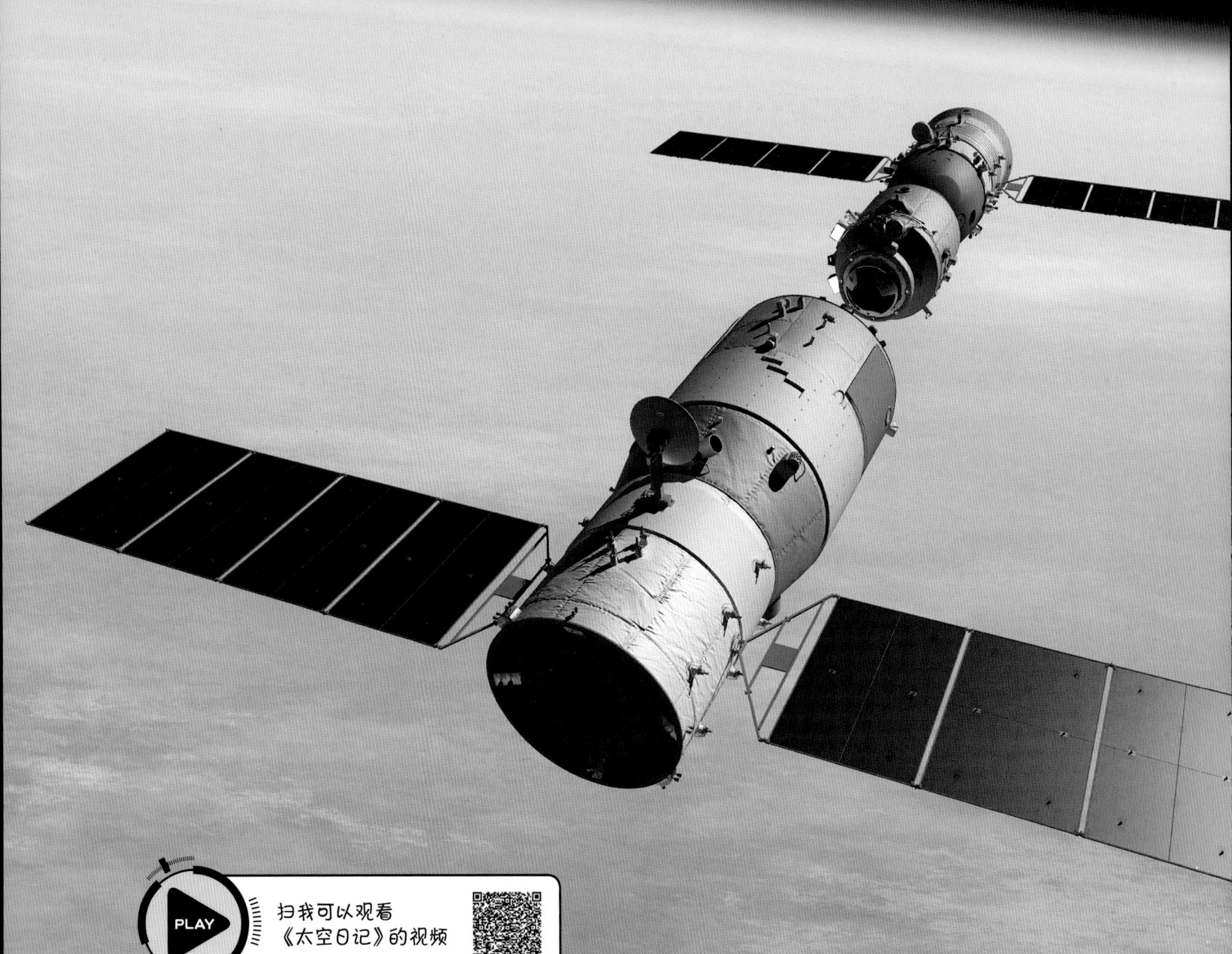

PLAY

扫我可以观看
《太空日记》的视频

天马行空33天

调度指挥

是谁在航天任务中号令八方

神舟十一号，我是北京。

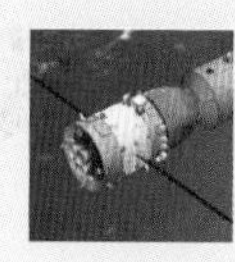

神舟十一号收到。

早上好。

早上好。

看过天宫二号与神舟十一号载人飞行任务直播的小伙伴，一定记得这段熟悉的天地通话开场白。这个从地球传到太空的声音来自北京航天飞行控制中心的调度指挥岗位。

那么，“北京”是谁呢？

现在，我们就带大家认识这个代号，认识这个代号背后号令八方的人，了解天宫二号与神舟十一号载人飞行任务中的调度指挥工作，是怎样进行的。

“我期望可以参与所有的航天任务，虽然这不能由我决定，但我愿意为飞天，恒久保持冲锋的姿态。”

——戴堃

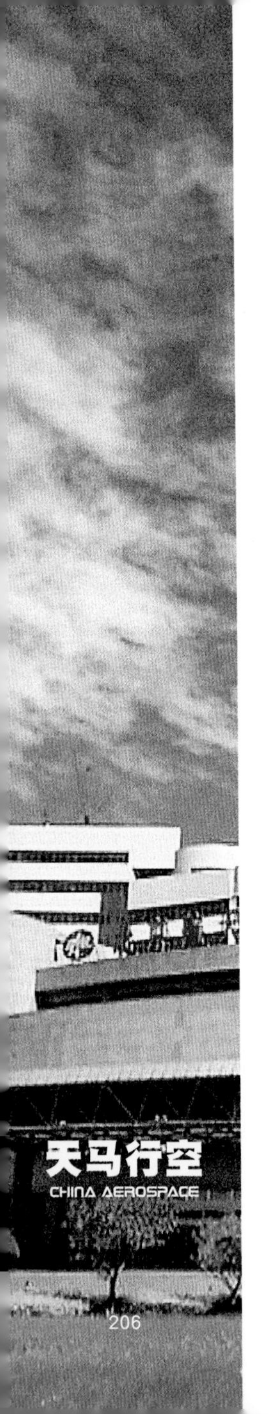

戴堃，北京航天飞行控制中心科研计划部工程师，天宫二号与神舟十一号载人飞行任务总调度，代号“北京”。在任务中，他主要负责组织、计划和调度指挥。

在整个航天飞行任务中，调度指挥这个岗位，是太空与地球，航天员与我们地面人员之间沟通最紧密的一个环节，几乎也是唯一的一个渠道。他们的一举一动、一言一行，都会影响到任务的成败，甚至航天员的生命安全。

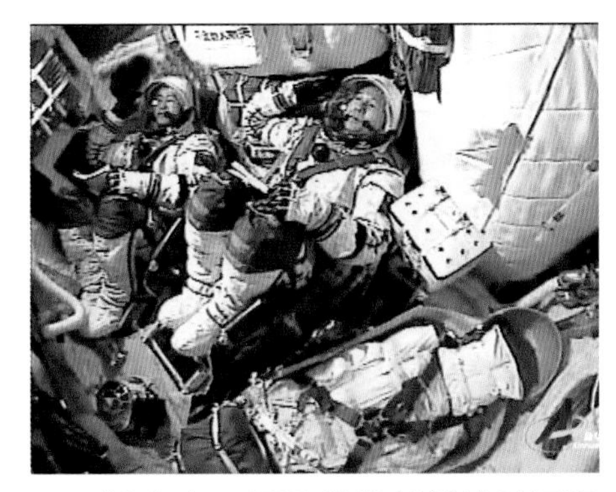

神舟十一号飞船发射倒计时景海鹏、陈冬敬礼

可以想象得到，在任务期间，调度指挥的工作强度会非常大，压力也会非常大。那么，作为总调度，要重点掌握哪些工作要领呢？

工作要领一：岗位的信息量特别大，所有的信息、状态、情况，都在我们这里汇集，要具备非常强大的信息处理能力。

工作要领二：要熟悉各种制度和程序。因为我们要掌握各个岗位、系统之间的工作流程以及各自的职责，否则无法调度指挥各个岗位的工作。

工作要领三：要能够灵活地处置，特别是对计划外的工作（比如出现突发应急情况），要能够应对自如。

戴堃和同事们在工作

北京航天飞行控制中心指挥大厅

一直以来，总调度都是令人羡慕的一个岗位，对于戴堃来说，也同样有过这样的渴望。刚工作的时候，戴堃对于调度这个岗位是很羡慕的，因为坐在那里，号令八方，然后调度各种资源，确实是感觉很神圣、很有使命感的一项工作。看到周围经验丰富的老同志都做得很好，而自己还有很大的差距，所以就驱使着自己努力做得跟别人一样好，甚至更好。

如今，“80后”的戴堃也坐上了这个位置，但他的感受却悄然发生着变化。他在为别人思考，为出征的航天员思考。

他意识到，航天员在遥远的太空执行任务，在那种孤独的环境下工作和生活，其实是很需要大家的关心和关怀的。他们每次听到总调度与他们通话，都能感受到一种支持，都能感觉到大家和他们在一块儿。

2016年10月19日，神舟十一号飞船和天宫二号空间实验室对接。这是航天员第一次在组合体里面工作、生活。早上，戴堃跟航天员进行例行交流，航天员对他说了一句“早上好”，他当时也马上回了一句“早上好”。虽然有点儿意外，但是他觉得是一个惊喜。

戴堃收到航天员的惊喜问候

对于北京航天飞行控制中心来说，他们与航天员永远在一起，紧密相连，就像有一句话说的那样：“航天员的生命安全，始终在我们手中，更在我们心中。”

天马行空33天

声像室

航天员在太空怎样才能看电视

航天员出征太空以后，很多人都会问这样一个问题：航天员在天上，每天都在做实验，他们会不会觉得无聊，等到休息的时候，除了从天宫二号空间实验室的舷窗看看太空，还可以做什么呢？

现在，这个问题终于有了答案，他们休息的时候还可以看电视。因为在我们北京航天飞行控制中心的声像室有这样一群人，他们不仅负责把地面的电视信号送往太空，给航天员看，同时他们还默默地守在屏幕前，关注着航天员。有没有很羡慕他们的职业呢？现在就让我们走近他们吧。

声像室捕捉到两名航天员在舱内工作的主要图像源

声像室，顾名思义，主要就是声音和图像。在声像室，大家最直接的感觉就是这里的图像源非常多。这也是它和其他几个技术室最大的不同。

其他技术室跟航天员或者航天系统交流，主要是通过数据和测控指令，而我们声像室和航天员或者航天系统交流，就是通过最直观的声音和图像。我们之间这种交流是双向的交流。

声像室记录了航天员的哪些图像信息

我们要把航天员随飞船发射升空的过程，在天宫中工作的情况，以及返回地球的过程等所有相关的图像信息，在我们声像室汇集，把它们全部收集下来。

这个岗位的工作，时效性非常强。航天员从随飞船发射升空开始，一直到在太空的每一个动作，声像室都有相关的记录。

声像室捕捉到两名航天员在返回舱工作的图像源

这项工作要求我们声像室的航天人，对所有太空状态的捕捉，都要非常细致。我们必须清楚航天员在哪个时间点做了什么事，这件事持续了多长时间。

那么，声像室获取这些图像源有什么用呢？给大家举个例子，比如航天员在返回舱工作时的图像源，我们地面人员可以通过它了解火箭在上升段以及飞船在返回段，航天员在舱内实际工作的状态。

神舟十一号飞船与天宫二号空间实验室在太空成功对接后，声像室捕捉到航天员进入天宫二号空间实验室的图像源

景海鹏在天宫二号空间实验室舱内

声像室怎样获取这些图像源

科学家在神舟十一号飞船与天宫二号空间实验室的舱内、舱外都安装了摄像机。比如天宫二号空间实验室舱内设置了两台摄像机，通过这两个机位，能够监视到两名航天员在天宫二号空间实验室驻留期间，开展科学实验，包括日常生活的实时情况。

另外，舱外还有两台摄像机。它们主要有两个作用：第一，监视相关工作的推进状态；第二，帮助地面人员看到整个舱外的工作情况。

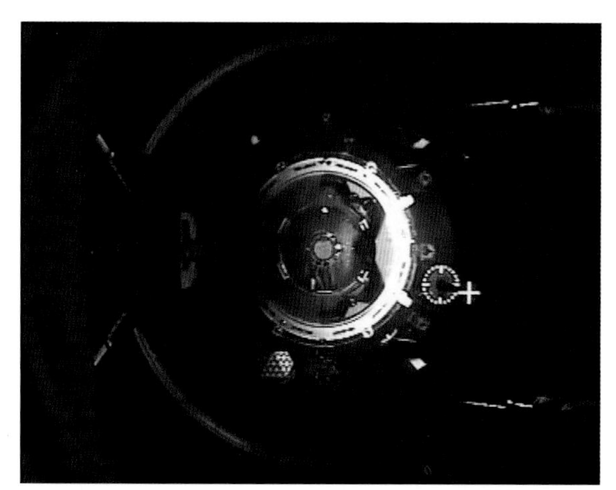

神舟十一号飞船和天宫二号空间实验室对接过程中：从神舟十一号飞船上的声像设备看到的天宫二号空间实验室

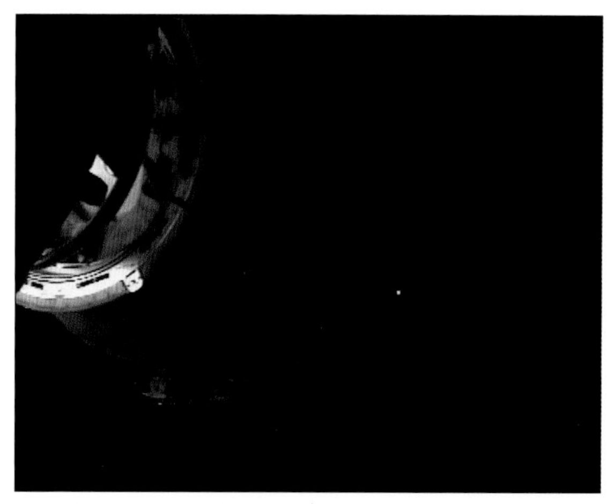

神舟十一号飞船和天宫二号空间实验室对接过程中：从天宫二号空间实验室上的声像设备看到的神舟十一号飞船

航天员怎样才能在天宫二号空间实验室看到电视

在天宫二号与神舟十一号载人飞行任务中，声像室可以利用图像的通道，把一些时效性很强的内容，传递给航天员。比如航天员提出要看新闻联播，我们声像室在2016年10月25日，把红军长征胜利80周年纪念活动相关的视频资料，实时地上传到天宫二号空间实验室。在纪念活动讲话全场鼓掌的时候，航天员在太空中也跟着鼓掌。我们能感受到航天员对这种形式非常认可。

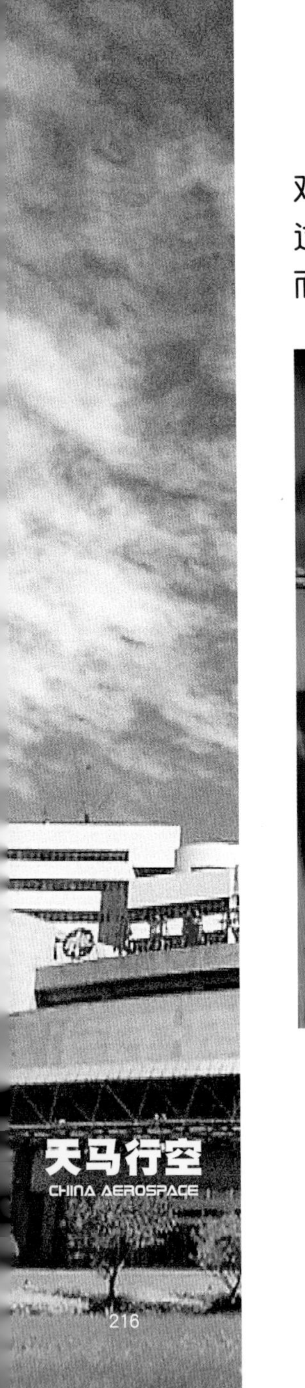

现在，航天员还只是在太空中中期驻留，以后如果长期驻留的话，可能对图像的上传需求，会越来越强。我们是任务系统的一双“眼睛”，航天员通过我们这双“眼睛”，不仅能够及时把太空上所有的信息反馈到地面上来，而且能及时了解到地面人员的相关信息，从而形成双向的了解。

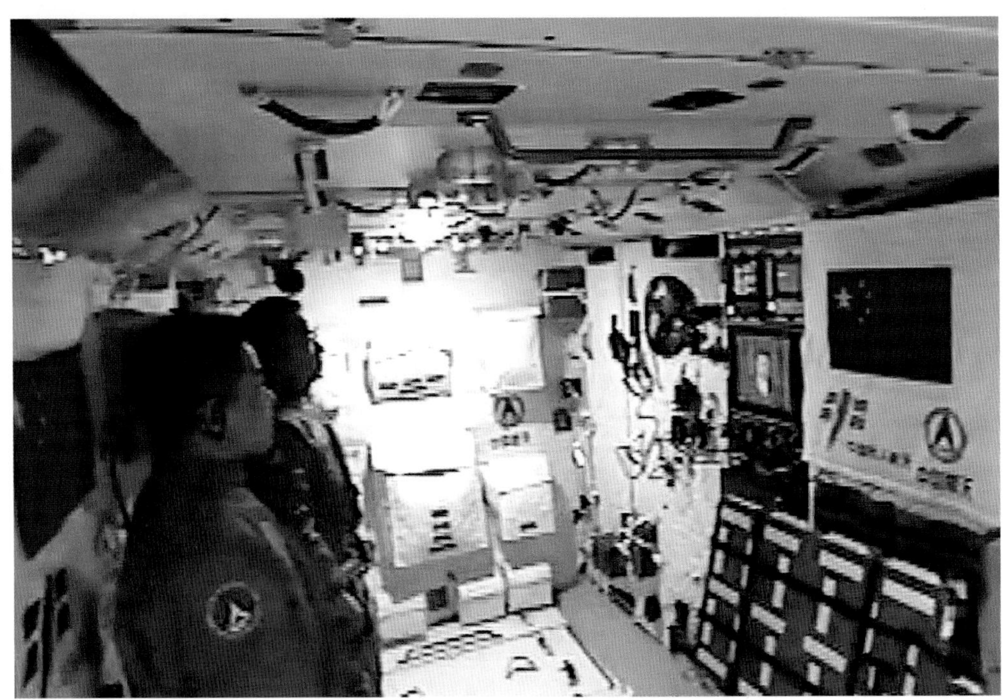

航天员在天宫二号空间实验室看电视

上行控制

怎样从地面控制航天器的一举一动

在天宫二号与神舟十一号载人飞行任务中，上行控制岗位的遥控发令，是整个任务过程中必不可少的环节。

这个岗位最主要的一点要求是什么呢？那就是必须保证绝对的准确、可靠。

上行控制岗位的航天人在工作

上行控制岗位的任务是什么

我们上行控制岗位的主要工作是给航天器发送各种遥控指令，还有注入数据，然后对航天器进行控制（包括控制航天器的飞行姿态和飞行轨道，控制航天器设备的开启和关闭，以及控制航天器上搭载的一些实验设备）。

我们给大家举一个很简单的例子，给天宫二号空间实验室里种植的植物浇水，就是由地面指令来控制的。

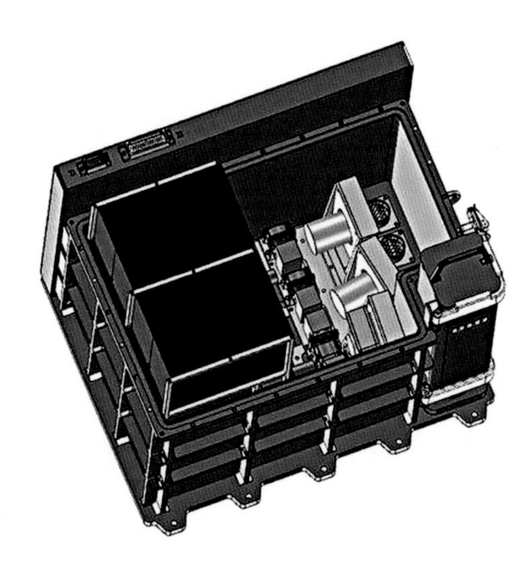

受地面指令控制的高等植物培养箱

向航天器发送遥控指令和开关灯有什么不同

咱们向航天器发送遥控指令以及注入数据和开关电灯肯定是不一样的。

开关电灯的操作很简单，只是按下一两个开关按钮的事情。但是，航天器上的设备可是成千上万的，对应的遥控指令也有成千上万条。我们要想把这些遥控指令准确、及时地发送到航天器上，就需要做大量的准备以及实时性的工作。

上行控制岗位通过遥控指令控制航天器的飞行姿态

我们上行控制岗位向航天器发送遥控指令，首先要保证这些指令的准备没有问题，不会出现错误，发上去以后，航天器要能够正确执行。然后，要在航天器飞行过程中，实时地对它进行控制发令。这就需要根据航天器当时的状态，发送不同的指令。

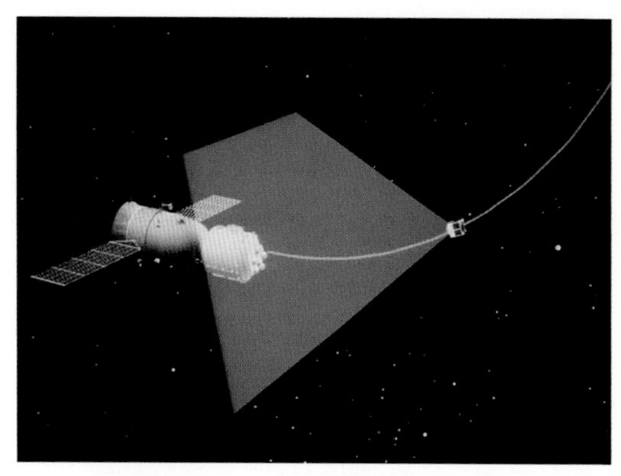

上行控制岗位通过遥控指令控制航天器释放伴随卫星

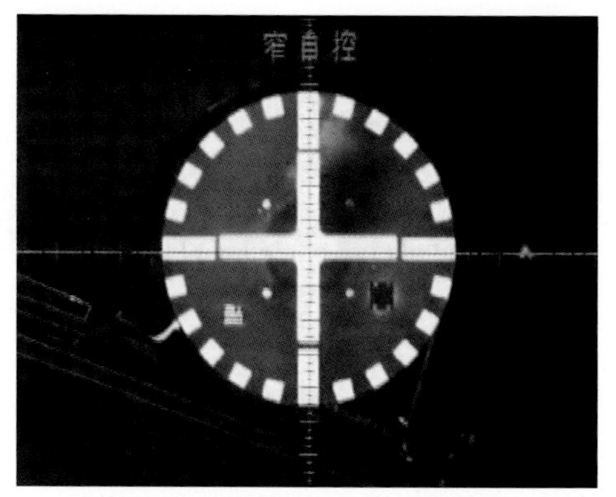

上行控制岗位通过遥控指令参与航天器对接

在神舟十一号飞船与天宫二号空间实验室交会对接过程中，我们发送的遥控指令也是比较多的，而且好多都需要咱们人工参与，毕竟航天器的状态在不断变化。完全自动的控制是需要的，但是人工干预也是必须的。

因为这次任务的时间也比较长，本来遥控指令就比较多，所以在整个任务期间，我们向航天器发送了上万条遥控指令。能够把这一万多条指令按照时间，准确无误地发送到航天器并得到正确执行，这本身就是一个挑战。对我们上行控制岗位的航天人来说，我们的任务就是严密监视、精准操控，保证天宫二号空间实验室在轨正常运行。虽然压力很大，但从事航天事业，没有压力，那就很容易把它当成儿戏。

遥测

了解航天器内部状态的唯一途径

大家知道吗？我们地面要想控制航天器，就需要构建一个天地之间的大回路。我们前面介绍过的上行控制岗位是负责通过向航天器发送遥控指令，构建这么一条前向的通路。反过来，地面要想了解航天器的状态，就需要我们的遥测岗位出马了。

为航天遥测提供支持的中继卫星

所以，遥测岗位就是把航天器下传的所有数据，按照既定格式，进行既定处理，然后分发给需要它的各个岗位，由他们去进行解读。这个中间具体有什么工作呢？就由我们遥测岗位的张祖丽老师来给大家介绍。

北京航天飞行控制中心软件室高级工程师　张祖丽

遥测数据是了解航天器内部状态的唯一途径。

航天器状况的判断、上行指令的执行情况，以及航天员的生理信息，这些都需要通过遥测来进行判断。

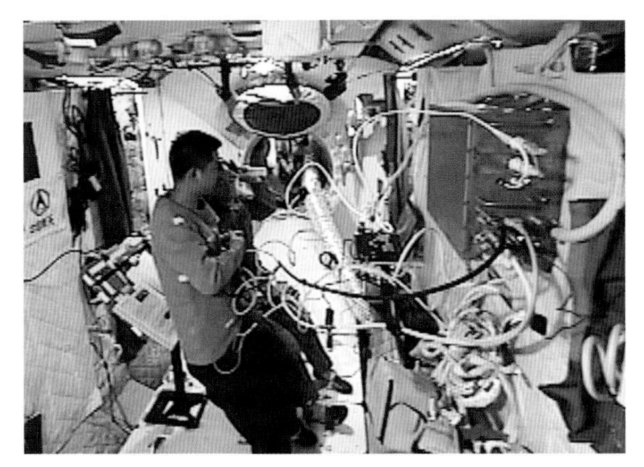

航天员在天宫二号空间实验室体检并下传生理信息

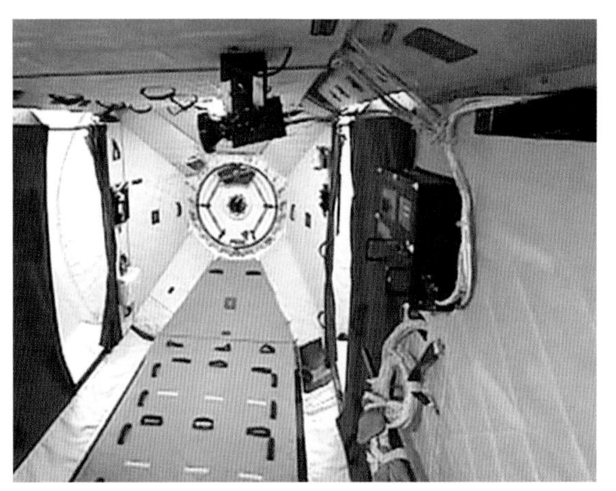

天宫二号空间实验室舱内环境状况

我们的工作主要是把下传到地面的遥测数据里面的每一个参数都解析出来，这种工作是需要我们非常严谨和细致的，包括它的一些波道、参数的范围、参数的系数、成熟的计算公式以及参数下传的条件。每一部分都要求我们必须分析对、处理对。

举个例子来说，天宫二号空间实验室或者神舟十一号飞船舱内环境状况，包括温度、湿度、二氧化碳的浓度等情况，大家通过遥测参数就能够了解。如果发现哪个部分超标了，就可以通过上行控制指令来控制调整。

神舟五号载人航天任务以来，我们的每一项工作标准越来越高，一方面是对软件的可靠性要求更高，另一方面是对我们任务监视的强度要求更大，监视的细致、完整性要求更高。因为载人飞行，人命关天，我们会从上到下，严阵以待。

神舟十一号飞船与天宫二号空间实验室组合体

天马行空33天

飞管室

航天员返回地球后，谁来照管天宫二号空间实验室

天宫二号和神舟十一号载人飞行任务圆满结束了，但是天宫二号空间实验室的设计使用寿命有两年多。那么航天员离开天宫二号空间实验室，返回地球以后，谁来照管天宫二号空间实验室呢？

今天我们就带大家走近北京航天飞行控制中心的飞管室。

我们飞管室有一群非常不一样的航天人，他们是长期管理飞行器的大管家。他们的主要工作是什么呢？没错，就是管理载人航天器和深空探测器，保证它们在轨道上运行的安全。一般航天员返回之后，航天器就归大管家们管了。

玉兔号月球车

嫦娥三号探测器完美着陆月球虹湾地区

玉兔号月球车是大管家们已经管理了很长时间的深空探测器，也叫巡视器。大管家们给它取了个可爱的外号——“小玉兔”。

2013年12月2日，我们国家成功将嫦娥三号探测器送入太空。

2013年12月15日，嫦娥三号探测器成功释放出“小玉兔”。“小玉兔”随后顺利驶抵月球表面，开始进行周边的环境探测。

从那以后，“小玉兔”和嫦娥三号探测器就一直在大管家们的照管下辛勤工作，为我们国家获取了很多有价值的科学观测数据。

除了“小玉兔”和嫦娥三号探测器，大管家们管理的航天器还有很多。有的小伙伴一定会问：大管家们管理时间最长的是哪个航天器呢？

答案就是天宫一号目标飞行器。

我国第一个目标飞行器：天宫一号目标飞行器

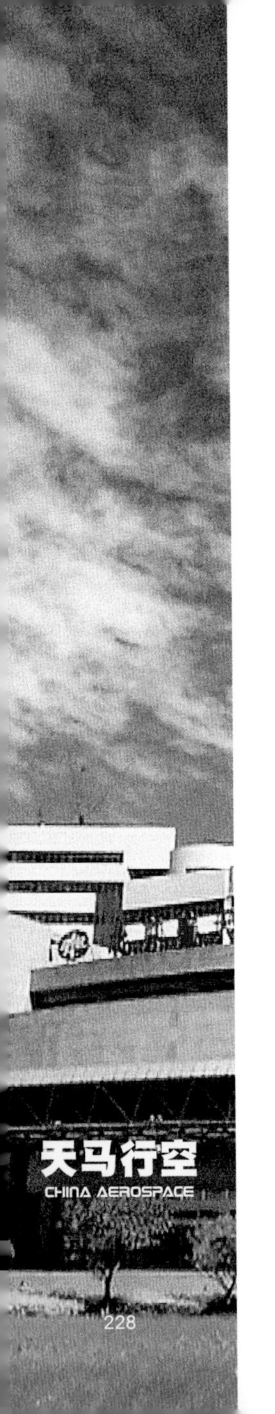

天宫一号目标飞行器是在2011年9月29日被送上太空的，是大管家们在轨管理时间最长的一个飞行器。

2011年11月3日，神舟八号飞船和天宫一号目标飞行器上演了“太空惊世之吻”，成功完成了我国航天史上第一次在轨交会对接任务。

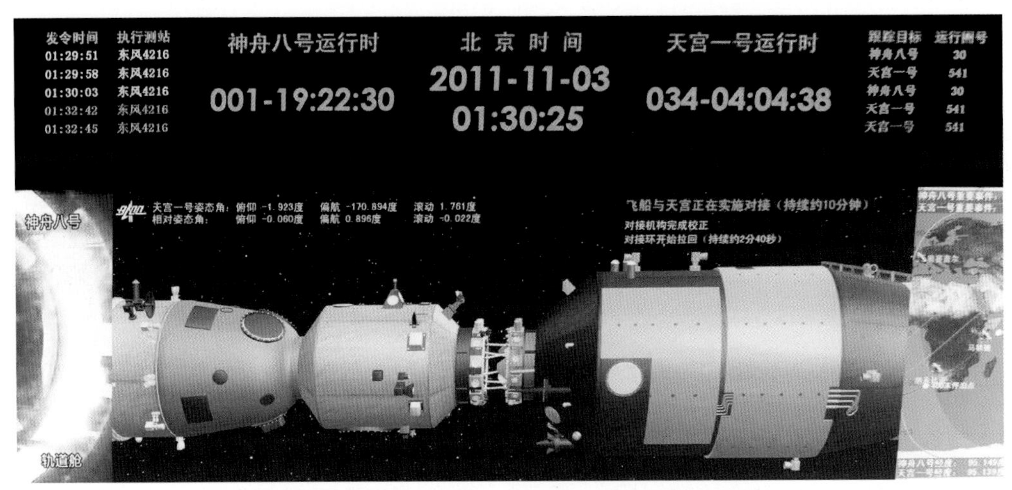

神舟八号飞船和天宫一号目标飞行器成功对接

2012年6月18日，天宫一号目标飞行器再次执行太空对接任务，只不过这一次不再是无人交会对接，而是载人交会对接，与它对接的是搭载着景海鹏、刘旺和刘洋的神舟九号飞船。

神舟九号飞船三位航天员
入驻天宫一号目标飞行器

神舟十号飞船三位航天员
入驻天宫一号目标飞行器

2013年6月13日，天宫一号目标飞行器再一次接待了航天员的访问。这一次访问天宫一号目标飞行器的是神舟十号飞船搭载的三位航天员：聂海胜、张晓光和王亚平。

天宫一号目标飞行器在轨道运行期间，开展了很多的科学实验和拓展实验，为我们国家获取了大量的科研成果。2016年3月16日，天宫一号目标飞行器完成使命，正式终止数据服务。取而代之的，是2016年9月15日被送入太空的天宫二号空间实验室。

天宫二号空间实验室

天宫二号空间实验室是我们国家首个空间实验室，在航天员景海鹏和陈冬搭乘神舟十一号飞船返回地球之后，飞管室的大管家们就开始了对它的照管，以后也会利用天宫二号空间实验室开展相关的科学应用和科学研究。

大家一定觉得当一名大管家，照管航天器和深空探测器很有趣吧？其实，这份工作并不仅仅只是有趣，它也有惊心动魄的时刻。平时，如果照管对象都正常，那么大家的工作都会有条不紊、按部就班，可一旦发生突发紧急情况，工作情形立刻就会变得非常紧张。大管家们必须立刻投入“战斗”，各司其职，在最短的时间里最好地处理突发紧急情况。

所以，对大管家们来说，他们承担着一项很重要的任务，那就是在照管航天器和深空探测器的过程中，要第一时间发现问题、发现异常。然后再协调相关的部门进行处置。这不仅要求大管家们拥有过硬的技术，而且还要求他们拥有强大的心理素质。

大管家们一直在学习相应的各项技术。因为每个飞行器的状态都有区别，而且随着时间的发展，不同元器件的性能变化也是不同的。

说到心理素质，大管家们永远只有一种状态——“时刻准备着”。

天马行空33天

开舱手

航天员返回地面见到的第一个地球人

他是一个典型的南方人，没想到却把生命融入了这片北方的草原。蓝天之下，他不是在迎接天外归来的英雄，就是在准备迎接天外归来的英雄的路上。

这种状态，到2016年，是第17个年头。

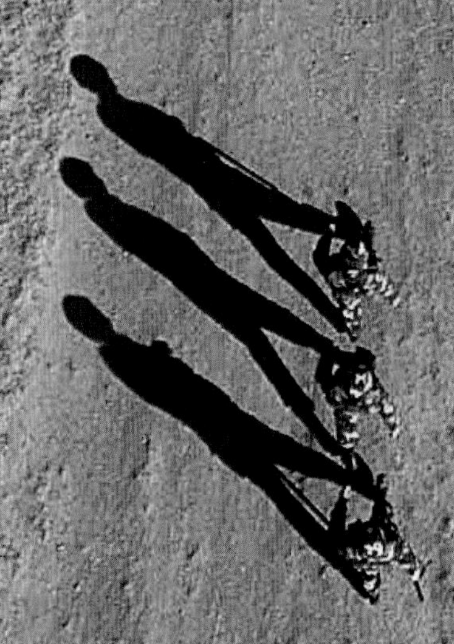

神舟系列飞船开舱手——李涛

他叫李涛，是神舟系列飞船的开舱手，通俗地讲，就是飞船着陆后第一个上前把飞船返回舱舱门打开的人。所以他经常被战友们开玩笑说："你是航天员返回地面后看到的第一个地球人。"虽然是玩笑，但却也是事实。他为航天员打开舱门，航天员最先看到的也一定是他。

神舟十一号飞船航天员陈冬返回地面

神舟十一号飞船航天员景海鹏返回地面

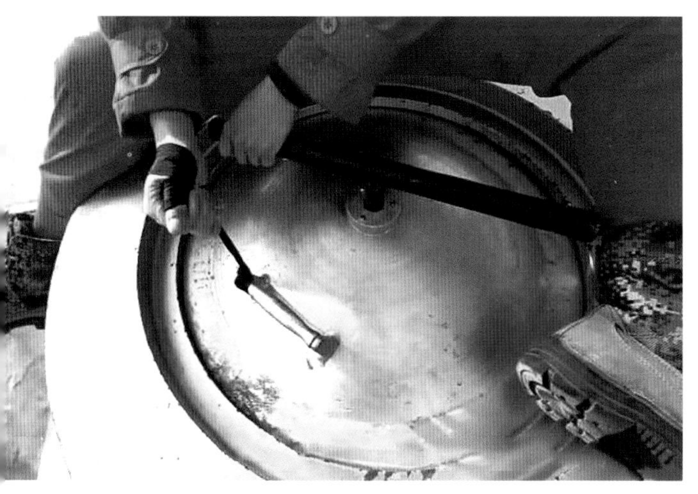

李涛正在练习打开舱门

开飞船的舱门有什么特别的地方

开飞船返回舱的舱门和我们印象中的开门是完全不同的两个概念。

首先，要用专用工具精准插入锁孔，然后通过减压阀平衡舱内外气压，关键是不能太快也不能太慢。太快了航天员的身体可能一下子适应不了，太慢则会耽误航天员的出舱时间。所以说，这是一个技术与心理并重的职业。

这些年，李涛跟这个动作一直死磕到底，经常每天反复练习上千次，手酸痛到连筷子都拿不起来。并且还要针对高温低温、晴天雨天、水中陆地等不同环境进行反复练习，终于圆满完成了从神舟一号飞船到神舟十一号飞船全部返回舱的开舱任务。

杨利伟出舱

景海鹏出舱

开舱任务让李涛的内心充满一种神圣感和自豪感："一个人竟然成为祖国航天事业的一个环节，虽然薄如蝉翼，却也是必不可少的。"

在担任开舱手的同时，他还是空中指挥部与北京航天飞行控制中心通信专业的负责人。

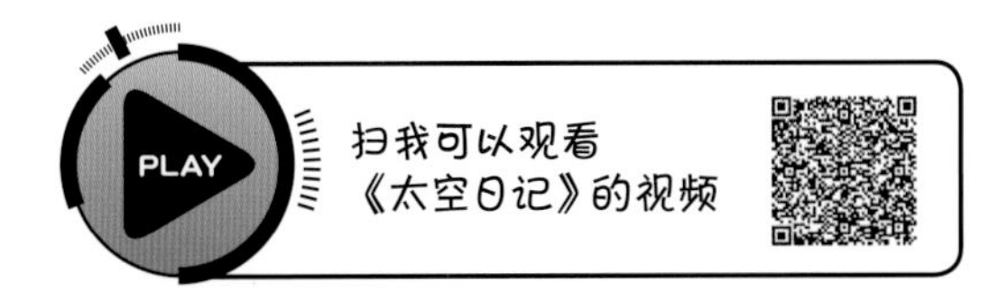

航天员撤离后，工作人员在对返回舱进行处置

他说："我是1977年生的，典型的大叔，但大家都觉得我很年轻。我自己也觉得我很年轻，因为我经常微笑。我想，航天员返回后最想看到的画面就是微笑。"

李涛一直用这样的微笑迎接着天外归来的航天英雄们

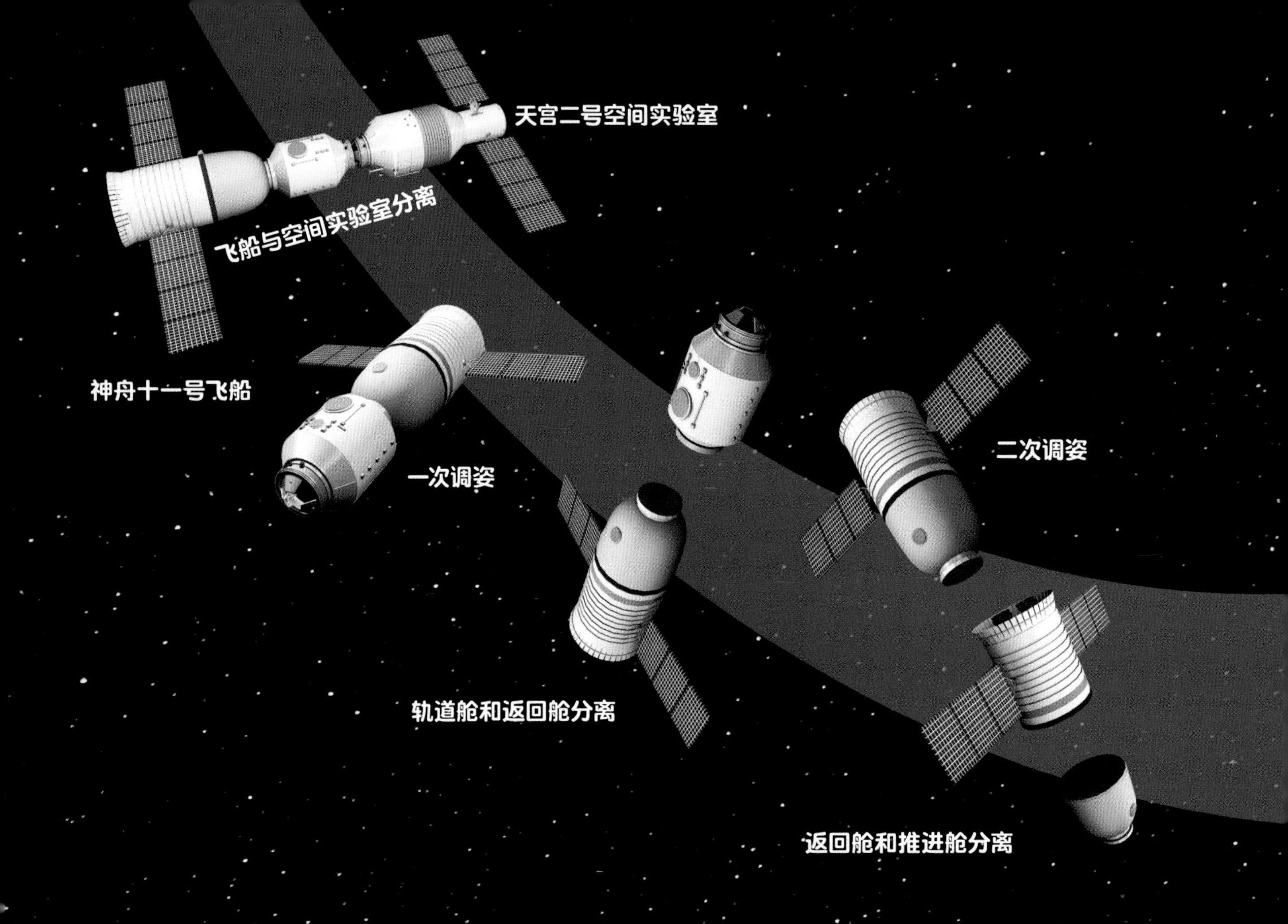

神舟十一号飞船返回全流程

返回舱进入大气层

主伞打开

缓冲发动机点火

返回舱着陆